JN203836

こころは
なぜ生まれ
なぜ変わるのか

―― 脳のエネルギー代謝のふしぎ ――

劔　邦夫

Tsurugi Kunio

風詠社

この拙著を、いつも私を支えてくれる
　妻の和子、二人の息子とその家族
　　そして、マイとチロにこころから捧げます。

　　　　　　　　　　　　　　　　著者

目　　次

装幀　２DAY

こころはなぜ生まれ なぜ変わるのか

― 脳のエネルギー代謝のふしぎ ―

第1章　はじめに──エネルギー代謝について

◎エネルギー代謝研究を始めたわけ

　私は昭和41年に医学部を卒業いたしましたが、国家試験に受かったら精神科に入ろうときめ、医局との交渉に参加していました。ところが、学生時代に生化学教室で実験など色々やらせてもらっていましたので、そこの教授からかなり強力に誘われていました。

　結局、その誘いに負けてしまい、まずは生化学の大学院に入り、終わったあとで臨床講座に移ろうと考えて入局しました。しかし、生化学をやり始めるとやめる気にはならず、結局、定年になるまで勤めてしまうことになりました。

　生化学での研究テーマはタンパク質の生合成で、私のテーマはリボソームの合成と構造についてでした。そして40歳の頃、新設された山梨医科大学に移ることになり、エネルギー代謝関係の研究を始めることになったのです。

　エネルギー代謝の機能については、当時はもちろん、現在でもあまり重要視はされていません。生命機能を発現、維持、機能させているのは遺伝子とタンパク質の機能と考えられ、それらが時計遺伝子で作られた体内時計（概日時計ともいう）のリズムで制御されていると考えられています。

　そのため、エネルギー代謝はそれに必要とされるエネルギーを賄うためのものと考えられていますから、エネルギー代謝系が生体内の代謝リ

ズムをコントロールしているというような考えは通るはずはありません。

　ですから、山梨における研究の論文発表は苦労の連続で、私は身体的にも高血圧やうつ症状（うつ病までにはなりませんでしたが）などを発症して大変でした。われわれが何をやっているのかなかなか理解してもらえず、研究費も文部省はもちろん大学からもほとんどもらえませんでした。

　それでも、定年後に、研究テーマなどについてまとめ、一応本にして研究者や知人に配布させていただきました。ただ、出版社を探すのは大変で、その道のプロにもお願いしましたが、引き受ける出版社は見つかりませんでした。売れないのは私にもよく分かりましたから、あきらめるしかありませんでした。ただ、今は自費出版という道がありますので、退職金の続く限りそちらの方にお願いして何冊かの本にすることが出来ました。

　最初の本は自分でやった酵母でのエネルギー代謝リズムの話でしたが、その後、ほ乳類などではどうなっているのか気になりだし始めました。それで、これまで出版された本や論文を読んで勉強し、ほ乳類などでもエネルギー代謝がリズムを形成し、その異常ががん、糖尿病、うつ病などの生活習慣病として現れていることが分かり、次々と自費出版させていただきました。

　そして、昨年（2017）の夏には人の老化や寿命や死についてまとめ『我々はなぜ生まれ、なぜ死んでゆくのか』として自費出版しました。表題からも分かりますように、もうこれ以上のテーマはないというところまで来ましたので、この本で最後にしようと思っていました。

　しかし、実はその本の中に一カ所、脳のエネルギー代謝で気になるところがあったのです。それで出版した後、睡眠や記憶などのテーマの本を買ってきて読んでいました。その疑問というのは、脳の大脳皮質のエネルギー代謝のところにありました。われわれは環境からの情報を受け

入れてすぐに反応する必要があります。情報が入ってからエネルギー代謝をあげていては反応が間に合わないので、脳のエネルギー代謝には特別なところがあるはずなのです。

　ですから、脳の神経細胞は常に活性化されているはずで、それにはミトコンドリアが常にある程度は活性化されているはずだと、確証のないままに書いていたのです。しかし、それが正しいとしても、大脳皮質の神経細胞は刺激がなければ無駄になってしまうエネルギーを常に使っていることになります。それもちょっと考えにくいことですから、本を出した後にも気になっていたのです。

　その本が出たのは8月でしたが、9月頃になって面白い本を見つけて早速買ってかえりました。それは『最高の休息法』（久賀谷亮著）という2冊の本で、ある呼吸法で脳疲労が消えるというものです。その本を読んで驚いたのは、最初に、われわれが特に脳を使っていないという時でも、大脳皮質で多くのエネルギーが消費されていることが、既に15年ほど前、ワシントン大学のレイクル（M. E. Raichle）教授によって報告されていると書いてあったのです。

　そのエネルギーを消費している部位は、大脳皮質の内側前頭前野など数カ所が中心ですが、大脳皮質全体にまたがるもので「デフォルト・モード・ネットワーク（DMN）」[*1]と命名されています。デフォルト・モードというのはあまり使われる言葉ではありませんが、「ぼんやりして仕事をしていなくても活動しているような、よく分からないシステム」という意味のようです。日本語でも適当な言葉がなく、そのままDMNと呼ばれることが多いようですが、その本では「雑念回路」と呼んでおられます。

　私はここを読んだ時、とっさにこれは前著に書いたエネルギー代謝系だと直感しました。しかし、私の考えた脳でのエネルギー代謝の反応はレイクル教授のDMNでその存在は確認できたと思ったのですが、その

機能の仕方などについては考えられませんでした。それで、DMNについて、その後の15年間に発表された総説などを読むことにしたのです。

　すると、やはりDMNについては注目されていて、総説や書物などは沢山あることが分かりました。レイクル教授のものも沢山ありましたが、彼の英語の文章はとても難解で、辞書を引きながら読んでも理解するのが難しいのです。こんな経験は長年の研究生活でもなかったように思います。それで、他の人のものも読んではみたのですが、脳の生物学は複雑で難しく、迷うばかりでした。まだ、DMNに関してだれもが納得するようなはっきりした学説は出てはいないようなのです。

　そうこうしてひと月ほどたったころ、居間のソファーの上に妻が買ってきた『ブッタとシッタカブッタ2　そのまんまでいいよ』（小泉吉宏作）という漫画の本がありました。私は、漫画はあまり読まない方なので、その時は見逃したのですが、数日後に読んでみて、その内容が深く、面白いことが分かりました。

　その本の始めには悟りを開いたお釈迦さま（ブッタ）と人生に不安を抱えるシッタカブッタとの会話がありました。シッタカブッタが「人生にはどうしてこんなに次々に悩みごとがやってくるのか」をブッタに尋ねます。するとブッタは「悩みは自分の外からやってくるものではなく、あなた自身の心の中から生まれてくるのです」と答えます。

　それで、シッタカブッタが考えてみると、確かにこれまでは自分を良く見せて相手に気に入られようと気負いすぎてしまい、かえってそれが相手を惑わせて、自分が嫌われる原因になっていることを理解します。そして、自分が悩まないためには思い上がらずに「自分のままで良い」と思うことが大切だということを知るのです。

　さらに『ブッタとシッタカブッタ』を読んでいくと、いかにして自分を見つめ、いかにしてこころの安らぎを得るかについて話が進んでいきます。結局、作者は、こころは自分の意識外にあるように思われても、

それを受け止めて自分なりに生きていかないと悩みを深めることになるのだと言っているのです。

その本を読み終わる頃には、私はブッタがこころは DMN の仕業だといっているように思われてきました。実は、先の『最高の休息法』でも、脳の疲れや悩みは DMN によって生まれるもので、呼吸法で自分自身に集中して、雑念をとることが大切だと書いてあるのです。

ただ、呼吸法やそれに類することで雑念をのぞき、こころを静めようとする試みは遥か昔から武道や宗教などの教えに含まれているものです。私も前から仕事の悩みを静めようと森田療法や太極拳などを行ってきました（それについては後でお話することにいたします）。ただ最近はその科学的な裏付けが得られつつあるということになります。しかし、それはまだ結論されるには至っていませんから、私自身でも、DMN についてエネルギー代謝の面から考えてみようと思い至ったのです。

◎エネルギー代謝の概要――解糖系について

それで問題になるのは脳のエネルギー代謝ですが、それはかなり特殊なものになりますので、先ずはその基本的な機構から説明することにします。もうそれはよくご存知という方は、第2章にお進み下さって結構です。

エネルギー代謝には解糖系による酸素を使わない嫌気的な代謝系と酸素を使うミトコンドリアを中心とする好気的代謝系があります。それらは並列してあるのではなく接続したものです。それは解糖系の出発基質はブドウ糖（グルコース）で、ミトコンドリアの基質は解糖系の代謝産物であるピルビン酸や乳酸などが中心であるからです。

ブドウ糖は簡単に言うと、炭素6個がつながった炭素鎖にカルボン酸

（-COOH）がついたものですが、それが解糖系で分解されてブドウ糖が２分され炭素鎖３個のカルボン酸、さらに炭素鎖２個の乳酸になります。

エネルギー代謝の役割はエネルギー産生ですが、その基本的な反応はいうまでもなく酸化反応です。家でもお湯を沸かす時はエネルギー源として火を使いますが、火はガスの炭素が空気中の酸素で酸化されて熱を産生します。体内でも同じ原理で、基本的には酸素でブドウ糖などに含まれる炭素を酸化してエネルギーをATP（アデノシン-3-リン酸）として作り出しています。

ただ、解糖系では酸素は使われません。それでも酸化できるのは、酸化反応には酸素が結合する反応のほか、水素原子が奪われる脱水素反応も含まれるからです。というのは、酸化反応の本質は電子を失う反応で、酸素が結合する反応も、水素が奪われる反応も基本は電子離脱反応なのです。

そして、これらの酸化反応の逆反応（酸素の離脱と水素の結合。本質的には電子を取得する反応）が還元反応になります。これからお分かりのように、酸化反応と還元反応は二つの分子間で共役しておこりますので、まとめて酸化還元反応と呼ばれるのが普通です。

解糖系は酸素を使わず、水素原子のやりとりで酸化還元反応を行います。解糖系は10段階の酵素反応で行われますが、全体では２段階の酸化還元反応を行います（図1-1）。前半の最初の方でブドウ糖が酸化されてリン酸化を受け、２分され３個の炭素鎖からなる分子が産生されます。そして、後半の反応系では最後に還元されますが、この間にブドウ糖1分子から４個のATPが産生されます。

ですから、ATPの産生は後半にあり、前半のブドウ糖のリン酸化や分裂反応（二分子化）はその準備段階ということになります。

　また、解糖系のATP産生量（4ATP／1ブドウ糖）はミトコンドリア系に比べればごく少ないものです。そのかわり、細胞としてはコントロールしやすく、ブドウ糖が足りない時は、逆反応でブドウ糖を新生することも出来ます。

　これらの解糖系の酸化還元反応では助酵素と呼ばれる低分子の物質が共役して反応していて、それが解糖系の進行に重要な働きをしています（図1-1）。

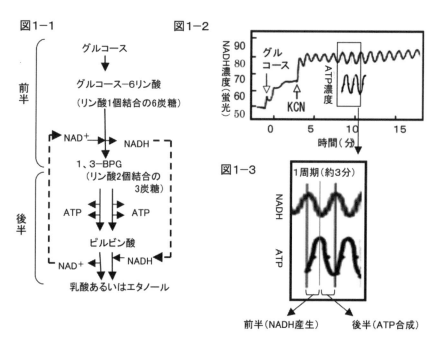

図1-1　解糖系　図1-2　解糖系の代謝リズム曲線
図1-3　解糖系代謝リズムの周期

　最初、解糖系にはいったブドウ糖は、まずATPからリン酸を結合されて活性化され二分されますが、それに伴って行われる酸化還元反応で、

NAD（ニコチンアミドアデニンジヌクレオチド）と呼ばれる低分子の助酵素が使われます。

NAD は酸化されるときは水素（または電子）2 個を失いプラスに電化し、酸化型 NAD になります。酸化型 NAD は NAD$^+$ と記されますが、以下分かりやすく「酸化型 NAD（NAD$^+$）」と書くことにします。

そして、後半の再度の酸化還元反応で NAD は還元され、電子（または水素）2 個を取得、結合して還元されます、還元型 NAD は「還元型 NAD（NADH）」と書きます。この還元型 NAD は酸化型よりエネルギーが高く NAD の活性型になります。つまり、酸化還元反応では還元型分子が自分が持っていたエネルギーを放出し、相手の酸化型分子に与えていることになります。

なお、反応系が進む方向性については、次章のエントロピーの法則のところで説明いたします。

そして、大切なのはこの解糖系の前半と後半の反応系はスムーズに一直線に進むわけではなく、まず前半の反応がある程度進んでエネルギーがたまってから後半の反応が始まります。つまり、波に例えますと前半では波が立ち上がってエネルギーを貯める反応になり、後半で波がくだけてエネルギーを放出する反応になります。そして、エネルギー（この場合は風力）が継続して入ってくれば、この反応を繰り返し、リズムが形成されることになります。

この解糖系のリズム形成は、かなり後の 1976 年になってペンシルバニア大学の EK. パイ教授らの研究によって実験的に確かめられています[2]（図 1-2）。これはかなり難しい実験だったと思われます。というのは、解糖系は細胞によって進み方がバラバラで同期していませんからリズムの測定が難しいのです。

それで彼らがとった手段は、細胞を飢餓状態にしてエネルギー代謝を

止め、その後にブドウ糖を加えて解糖系を同期して始動させるようにしました。また、実験には酵母菌を使っていましたので、ミトコンドリアが働かないように青酸カリで処理しています。そして、NADH が蛍光を発するのを利用してそれを測定することでリズミックな増減を測定することに成功しました。

　その結果、約3分周期の NADH の量的変化のリズムを観察することに成功しました。そして、ATP 量がこの NADH のリズムと逆相するかたちで増減することが分かりました。つまり、ATP は NADH が消費されることによって産生されることが確かめられたのです。

　そして、この解糖系の反応でもう一つ大事なのは、最後の酸化還元反応で NADH が酸化型 NAD（NAD⁺）になりますが、それが解糖系の最初のブドウ糖がリン酸化される反応を促進することです。そして、前半の酸化還元反応に使われて、再び解糖系が進むので、リズムができるのです（図1-3）。

　つまり、NAD 助酵素の酸化と還元の繰り返しが解糖系のループ状の進行を促進しているのです。この繰り返し状の進行は、「フィードバック制御ループ」と呼ばれ、生体リズム形成に中心的な働きをしているのです。

　このように解糖系は助酵素 NAD の働きでループを形成してエネルギー産生を行っています。解糖系だけで生きている生物は、嫌気的細菌ですが、大腸菌などよりずっと小さくて細胞分裂がおもな機能と言っても良いものです。

　ですからそんなには ATP 産生を行う必要はなく、もし、環境にブドウ糖が多くて ATP や乳酸が細胞内に蓄積するようになると酸性化して大変です。そのために、ATP が増えすぎると解糖系の最初のリン酸化反応を抑制して、解糖系の進行を止めるようになっています。

本来、ATPはブドウ糖リン酸化反応を行う酵素が使う分子で「基質」と呼ばれるもので（この酵素の場合はATPとブドウ糖）、その酵素反応を促進するのが普通です。しかし、このブドウ糖リン酸化反応は、ブドウ糖によって促進され、ATPによって抑制されるという競合関係になっているのです。

◎エネルギー代謝の概要──ミトコンドリア系について

　ミトコンドリアは酸素を使い、好気的なエネルギー代謝を行う円筒形をした細胞内小器官で、複雑に折れ曲がった内膜で酸化反応が行われます。反応の出発基質としては、解糖系でブドウ糖からできてくる最終産物（乳酸やエタノール）の直前のピルビン酸が使われます。

　なお、乳酸やエタノールもミトコンドリアの基質になります。酸化されてピルビン酸になって使われることもありますが、普通は還元されて酢酸になりミトコンドリアに吸収されます。

　それらの基質はミトコンドリアに入ると炭素2個のアセチルCoA（酢酸 − コーエー。酢酸がCoAという助酵素で活性化された分子）にされ、TCA回路（クレブスTCA回路とも言います）に入ります。

　TCA回路ではアセチルCoAに含まれている炭素が酸素で酸化され炭酸（CO_2）になり、NADなどの助酵素が還元されます。そして、その還元助酵素群が電子伝達系に入って電子が離脱する反応で酸化が進み、最終的に酸素を還元して水（H_2O）が生成されます（図2）。

　このように好気的エネルギー代謝ではブドウ糖が炭酸ガスや水のようなとても小さな分子にまで分解される反応ですから、反応系全体のエネルギーの落差はとても大きいのです。そのため、ブドウ糖1分子から30個ほどのATPを産生でき、逆反応はまったく起きません。

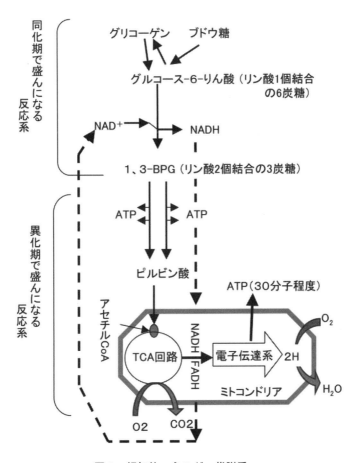

図2　好気的エネルギー代謝系

　このように、ミトコンドリアは非常にエネルギー産生量が大きく、効率も高いので、うまくコントロールしないと解糖系とつながって好気的エネルギー代謝系を作ることが出来ません。そのため、フィードバック制御ループを作るためには、まず解糖系である程度エネルギーを溜め込んで、それからミトコンドリアを巻き込むようなエネルギー代謝リズムを形成しなければならないのです。

◎酵母の好気的エネルギー代謝リズム

　それでは、好気的エネルギー代謝リズムがどのように調節されて生まれるのかの問題になりますが、われわれがその研究に取り組んでしばらくして、出芽酵母を使って継続培養するという実験系があるのに気がつきました。その実験系[*3]は1980年代にはすでに始まっていて、最初の発見者が誰かは分かりませんが、酵母の培養ではバイオリアクターという培養基を使って継続培養が行われていましたから、その間に代謝リズムがおこることが分かってきたようです。

　普通行われる細胞培養は、バッチ培養と言われるように、試験管やフラスコ内での培養で、細胞が増えて一杯になったらそれで終わりになります。それが酵母の継続培養ではバイオリアクターと呼ばれる機械を使って培養液や酸素を継続的に送り込むことによって長時間培養できるのです。

　すると、細胞がある濃度まで増えると細胞分裂が同期し、リズム形成するようになります。その周期は4時間くらいのもので培養液中に残っている酸素の濃度をモニターすることで観察します。培養液には空気が一定速度で送り込まれていますから、液中に残っている酸素濃度を測定すれば、細胞がどれくらい酸素を使っているかが分かります[*3]（図3）。

　つまり、酸素を多く使う周期とあまり使わない周期が2時間おきに交互にやってくるようになるのです。酸素をあまり使わない周期は解糖系が主役の発酵期で、酸素をよく使う周期はミトコンドリア系が主役の呼吸期と呼ばれているものになります。

　ただここでは、発酵期はエネルギーを使うよりブドウ糖をグリコーゲンに合成して蓄えるのが特徴ですので、エネルギー貯蔵期（または同化期）といい、呼吸期はグリコーゲンを分解してATP産生が盛んになり

使われますのでエネルギー消費期（または異化期）と呼ぶことにします
（図3）。

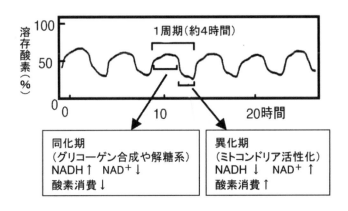

図3 酵母の連続培養系における好気的エネルギー代謝リズム

　この酵母のエネルギー代謝リズムを分析して分かったことは、酸素の
利用の低い周期では貯蔵糖類であるグリコーゲンが合成され、呼吸の抑
制因子であるNADHやATPの細胞内濃度は高くなっています。これ
らの分子はミトコンドリアの活性を抑制しますから、吸収されたブドウ
糖は主にグリコーゲン合成に利用されることになります。ですからこの
周期は同化期（エネルギー貯蔵期）ということになります。
　一方、酸素の消費が盛んな周期は遺伝子発現やタンパク合成が盛んで、
エネルギー（ATP）産生と消費が盛んになります。その結果、酸化型
NAD（NAD⁺）やATP濃度は低くなり、呼吸が促進されます。ですか
ら、この周期が異化期（エネルギー消費期）であることが分かります。
　異化期ではエネルギー代謝が上がるのでATPなどは増加するのでは
と考えられますが、遺伝子発現やタンパク合成が盛んになり、それに使
われてむしろ低下するものと考えられます。それによってミトコンドリ

アの呼吸も促進されることになります。

　また大切なのは、異化期に入るとサイクリック AMP（cAMP）という分子が合成されてくることが分かりました[*4]。サイクリック AMP は ATP から合成されてきて、それがミトコンドリアと解糖系の両方を活性化します。このサイクリック AMP の合成は、異化期に入るとエネルギー代謝が盛んになり酸化物が増え、細胞内が酸性化（中性から pH6 くらいに低下）するからだと考えられています。

　なお、付け加えますと、動物ではサイクリック AMP はグルカゴンという異化反応を促進するホルモンが細胞に働いて作られてきますが、それは後でお話しします。

　このように、エネルギー貯蔵期（同化期）から消費期（異化期）への切り替わりでは、細胞質内の ATP や還元型 NAD（NADH）などの高エネルギー物質の低下とサイクリック AMP の合成が重要なメカニズムになります。

　こうしてできてくる酵母の好気的エネルギー代謝リズムは安定なものですが、注入する培養液のブドウ糖が 0.8 〜 1.5％の間でないと現れません。

　ブドウ糖濃度が低い場合は、エネルギー不足で、酵母が充分に増えられないためであることは分かりますが、1.5％以上になるとリズムが消えてしまうのはなぜでしょうか。

　高ブドウ糖濃度の培養にすると、エネルギー代謝リズムは消えて、アルコール発酵が始まるのです。そして、細胞密度も大きく低下してしまいます。

　その理由は、前にお話しましたように、細胞内の ATP 濃度が必要以上に高くなると、ATP が解糖系の最初のブドウ糖のリン酸化反応を抑えようとします。しかし、ブドウ糖の濃度が高いときは ATP の抑制が

効かなくなり、ブドウ糖がどんどん解糖系に入ってゆきます。その結果、図1に示しましたように、解糖系だけでリズムを作って進むようになり、ミトコンドリアを活性化することが出来なくなります。そのため、解糖系はミトコンドリアとのフィードバック制御ループが出来なくなり、異常に亢進してアルコールがたまってしまうのです。

　この状態は「好気的解糖」と呼ばれ、酸素は充分あるのにミトコンドリアが充分に活性化されず、解糖系によるアルコール発酵が異常に亢進して止まらなくなるのです。この高ブドウ糖による好気的解糖は昔から良く知られており、発見者の名前から「クラブトリー効果」*5 と呼ばれています。

　ただ、この好気的解糖の状態でも解糖系でのATP産生は出来ますし、解糖系の反応は短くて早く進みますから、むしろ、ミトコンドリアが働いていた時よりも速やかに細胞増殖します。しかし、ATPの産出量は少なくなりますから、増殖以外の高度な細胞機能は制限されてきます。そして、すぐ培養液中のアルコールの濃度が高くなり、その毒性で細胞が障害され、細胞密度はどんどん下がってしまいます。

　また、ヒトなどほ乳類では、好気的解糖になるとその組織により、糖尿病、うつ病、発がん、認知症などの原因となることがあります（興味のある方は前著をご参照下さい）。

　この「好気的解糖」は、この実験のような場合ばかりでなく、酒やビールを醸造する時にも見られます。ブドウ糖の固まりである米や麦のもろみに囲まれた酵母菌は、特に嫌気的な条件にしなくても強力なアルコール発酵を行います。

　このような好気的解糖に近い状態は、酵母に限らず、われわれヒトなどの多細胞生物の細胞でも起こりうるものなのです。

　それでは、われわれヒトには酵母のエネルギー代謝リズムのような体

内リズムがあるのでしょうか。ヒトの体内リズムは24時間周期になっていて、それは概日時計によってコントロールされていると考えられています。ですから、われわれの生物リズムがエネルギー代謝リズムであるというには、まずはエネルギー代謝の同化期／異化期リズムがあることを証明する必要があります。

酵母でのエネルギー消費期（異化期）は2時間ほどですが、ヒトでは、夜間の8〜10時間ほどになります。われわれには夜間にエネルギー代謝が上がっているという実感はありませんが、呼気を分析すると、夜の方が二酸化炭素の排出量が多いことが昔から知られています[*5]。つまり、夜間にミトコンドリアがより活性化して、多くの酸素を使い二酸化炭素を多く排出しているのです。

それに、われわれの生物リズムが24時間周期なのは、昼間の明るい時に食事をするというだけでなく、食物にする動物や植物を育てたり、会社に行って仕事をするなどの社会生活をしなければならないからです。もし、われわれが各自バラバラに数時間のリズムで寝起きしていたら、社会生活などとてもできません。

また、われわれはこのような複雑な生活をするために、個体内の臓器には大きく分けて二つの役割のちがうグループがあると考えられます。一つは、エネルギー代謝リズムの形成に関与するグループで、肝臓を中心とする内蔵系のグループです。

もう一つは、社会生活を営むことに関係するグループで、外界からの情報を処理し、外敵などに適切な行動をとることに関係する、脳、筋肉系や免疫系などのグループです。前者のグループが後者のグループの働きを支えていると言えるかもしれません。

しかし、現在、われわれの生物リズムについて、このように考えている科学者はいないかもしれません。現在、最も有力な学説は、われわれの体内にはほぼ24時間周期の概日リズムを刻む体内時計（概日時計）

があり、それが体内の全ての臓器や細胞の働きを支配しているというものです。そして、その体内時計の中枢となるマスター時計は脳の基底部で眼に近いところにある視交叉上核という神経核にあり、それが全身の細胞にある抹消時計をコントロールしていると考えられています。

　それでは、ヒトでの概日リズムについて、章を変えてお話ししましょう。

第2章　体内リズム
——概日時計とエネルギー代謝リズム

◎散逸構造理論

　前章では嫌気性および好気性エネルギー代謝についてお話しし、ことに好気性エネルギー代謝ではそれを構成する解糖系とミトコンドリア系の代謝系の間で代謝リズムが形成されることをお話ししました。

　しかし、現在は生体内に概日リズムがあることは認められていますが、それは時計遺伝子によって作られる体内時計によるものと考えられ、エネルギー代謝リズムの関与についてはまったくというほど考えられていません。そのため、この章ではその可能性について考え、脳にあると考えられる〝こころ〟の探索の助けにしたいと考えます。

　それではエネルギー代謝が体内リズムを形成する可能性は全く考えられていなかったかと言うとそうではなく、それを支持する有名な理論はあるのです。それはベルギーのプリゴジーヌという化学者が提唱した「散逸構造理論」*6 で、彼はその功績で 1977 年にノーベル化学賞を受けています。

　散逸構造と聞くと、構造がこわれて散逸していくように思われますがそうではなく、エネルギーを散逸するように激しく使いながら出来てくる「生き生きと感じられる構造」のことをいいます。そして、この理論でいうところの構造は生物だけではなく無生物のものも含まれます。むしろ、理論の中では無生物のものに関する説明が圧倒的に多いのです。それが、この理論が生物学界ではほとんど採り上げられない理由の一つ

のようです。

　それでは、無生物で生き生きと感じられる構造は何かというと、自然界では、早い水の流れにみられる波やうず、風にたなびく雲などになります。これらの構造が生き生きと見えるのは構造が変化するためですが、ただ変わるというだけではなく、二つの構造をくり返して変化しているからです。

　例えば、分かりやすく波の場合を考えてみましょう（図4）。

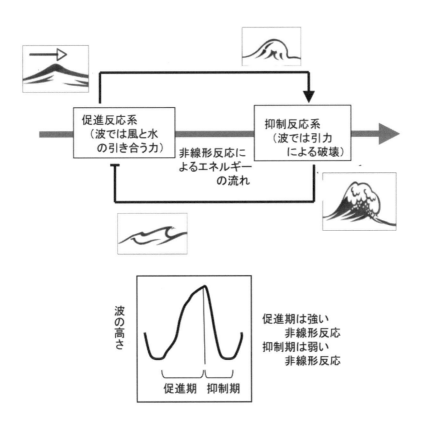

図4　波の散逸構造形成メカニズム。下は波の高さ変化からみた周期変化

波は水面の隆起と崩壊を繰り返して生き生きとして見える散逸構造です。その構造形成は、はじめは風などのエネルギーで水が立ち上がり、ある程度の大きさになると、波の重さが力となって重力に引かれてくだけます。

　そして今度は、そのくだけた時のエネルギーが、次の波をおこす力になります。それによりフィードバック制御ループが形成され、生き生きした散逸構造が生まれてきます。

　そして、このループにエネルギーの流れがあると自動的に繰り返すようになり、それが「エネルギー散逸構造」になるのです（図4上図）。

　普通、波は風の力で立ち上がり、風がないと消えるように見えますが、それは波が表面的なのでエネルギーが小さいからです。もし、つよい地震が原因であったりすると、波は深いものになり自分のエネルギーで何千キロも続くこともあります。また浅い川では大きな船などで川底から立ち上がる波は風がなくともなかなか消えません。

　また、この散逸構造のエネルギーの流れで大切なのが、その流れが直線的ではなく曲線的であることで、始めはゆっくりですが次第に早くなり、やがて最高速度で進むような反応系になります。そのような反応系は「非線形反応」と呼ばれています（図4下図）。

　例えば波の場合は、促進反応で水分子がお互いに引き合いながら立ち上がります。水は凍ると1分子が3分子の水と引き合って三次元的に結合しあって個体になっています。液体の場合でもその結合力は弱いのですが働いています。例えば、1分子の水が2分子位を引きつけているとすると、波は2、4、8、16、32………というように非線形的に大きくなります。

　ただ、くだけるときは、引力は全ての分子に同じようにかかりますから、抑制反応はむしろ直線的に反応すると考えられます。しかし、散逸構造を形成するには、促進反応と抑制反応の両方が非線形反応であれば

申し分ないのですが、どちらか片方でも良いのです。

　第1章で解糖系とミトコンドリアを含んだ好気的エネルギー代謝系のリズム形成をみました。その反応の時間曲線をみますと（図1−2と2−3）、解糖系のリズムは立ち上がりも打ち砕けも同じように非曲線的な非線形反応と見られます。

　それに対して酵母の好気的エネルギー代謝（図2−2）では、打ち砕けの方が少し直線的で、非線形反応でも少し弱いものと見ることが出来ます。つまり、ミトコンドリアでの反応の非線形性はそれほど高くないといえます。

　このように、波のような無生物の散逸構造の場合はエネルギーの流れは解りやすいのですが、生物の場合はエネルギーの流れが体内でおこり、代謝の変化として現れますから理解するのが難しくなります。生物ではエネルギーの流れを生み出すエネルギー代謝系と、種々の生理機能を生み出す遺伝情報発現系があり、体内で一体になっていわゆる「複雑系」を形成しているからです。

　散逸構造の形成はエネルギーの流れが必要ですが、それは宇宙で最も基本的な法則と言われる熱力学の第二法則、別名エントロピーの法則に従ってできるからです。このエントロピーの法則は、宇宙でおこる現象が進行する方向に関する法則で、当然ながら生命現象もそれに従って行われているのです。

　エントロピーの法則によれば、宇宙の反応はすべてエントロピーが増大する方向、つまり、乱雑になる方向に自発的に進むということです。生物内では、エネルギー代謝はブドウ糖（グルコース）が炭酸ガスと水という、より低分子のもの（＝より乱雑のもの）に分解する反応系ですから自発反応です。ブドウ糖のもっていた結合エネルギーが分解によって解放され、大部分は「エネルギーの運び屋」としてのATPの合成に

つかわれ、残りのエネルギーがエントロピーになるのです。

　逆に、遺伝情報発現系によるタンパク質の合成反応などはエントロピー（乱雑さ）が減少する反応になりますから、自発反応ではありません。ですから、エネルギー代謝系で産生されたエネルギーを使って行われることになります。

　また、散逸構造が持続するには、環境からエネルギーが持続的に供給されると同時に、生じたエントロピーを環境に放出できるという条件が必要です。こういう条件のある反応系を開放系といいます。試験管のように環境から閉鎖された系ですと、試薬内にエントロピーが溜まってしまい反応は止まってしまいます。生物が生きながらえるのは、呼吸や排泄行為によってエントロピーを体外へ出すことができるからです。

　このように構造がエネルギーの流れに従ってフィードバック反応による促進と抑制が周期的にかかることによって「フィードバック制御ループ」が形成され、反応系がリズムを作りながら持続するのです。

◎オートポイエーシス理論

　では、生物と無生物がおなじ散逸構造だとしても、その構造に明らかな違いがあるのはどういうことでしょうか。例えば、生物は自分で歩いたり話したり、さらには自分の子孫を自分で作ることが出来ますが、無生物では個体として存在することすら出来ません。

　この問題の理解の助けになるのがチリの生理学者であるマトラーナによる「オートポイエーシス（autopoiesis）」理論[7]になります。このオートポイエーシスという言葉はマトラーナの造語ですが、英語ではセルフプロダクション（self-production）、日本語では、通常「自己産生」と訳されることが多いのです。

　つまり、生物は自己産生するために「個体」を形成しているということです。個体を形成することで、遺伝子発現系など自己産生するためのシステム（以下、「自己産生系」と呼ぶことにします）を体内に囲い込んでもつことが出来るようになります。

　それに対して無生物の構造は、波にしろ渦にしろ、天然にひろがる物質（これらは水）内に部分的にできるもので、構造の一個を取り出してなにかするということは出来ません。

　そして、自己産生系である個体は、やはり自己産生系である細胞で支えられており、細胞はまた色々な臓器を形成しています。ですから各細胞は臓器ごとにまとまって、各臓器の自己産生に寄与し、個体内の全臓器はまとまって個体の自己産生を達成するようなっているのです。

　また、各臓器の細胞はその臓器が分担する機能を行えるような遺伝子発現やタンパク合成を行っていて、全体の調整はホルモンや神経系などが行っていることになります。

　また、マトラーナは、生物の中心にエネルギー代謝系があり、異化反応と同化反応が閉じられた個体の中で循環しながらエネルギーを産生し、自己産生していることを指摘しています。彼はすでに最初の論文を書いた段階（1970 年頃）でエネルギー代謝にリズムがあることを推測していたように思われます。そして、エネルギー代謝によって産生されたエネルギーによって自己産生系が活動するとしています。

　こうして生物は個体の中で、エネルギー代謝リズムによって自己産生を行い、遺伝子の情報を読み取って個体を成長、維持、複製できることになります。つまり、生物はエネルギー代謝系と遺伝子発現を中心とする自己産生系が一体となって形成される「複雑系」なのです。

◎時計遺伝子群と体内時計

　このように、生物はエネルギー代謝系と自己産生系からなる複雑系で、それは理論的にも認められていることなのです。しかし、現在でもエネルギー代謝系の重要性は認められておらず、自己産生系にエネルギー（ATP）を補給する代謝系と考えられています。

　そのエネルギー代謝系の重要性が認められるには、先ずはそれが自律的にリズム形成することが理解されなければいけませんが、現在でも生物医学関係の研究者にも認められているとは言えません。生体リズムは時計遺伝子で作られる概日時計でつくられていると考えられているからです。

　それは、今年（2017年）のノーベル生理医学賞がショウジョウバエの時計遺伝子ピリオドを同定し、時計機構を研究した3人の生物学者に授与されたことでも分かります。

　彼らの研究については私も知ってはいました。しかし、1980年頃、時計遺伝子研究は真っ盛りで、いろいろな動物を対象に行われておりました。それで、われわれはマウスや酵母を対象とした研究に注目し、彼らの昆虫の研究には正直あまり注目していませんでした。それで、今になってショウジョウバエの時計機構について論文などを読んでみたところ、新たに気がついたことがありました。

　一つは、ピリオド遺伝子の変異株に概日リズムが長くなるもの、短くなるものの他に、周期が亡くなるものがあることです*8。このような3種の変異株が見つかったのはショウジョウバエだけだと思います。どうもこれがノーベル賞に選ばれた理由のようです。この研究結果をみると、ショウジョウバエの生体リズムはピリオド遺伝子によってほとんど完全に支配されている印象をうけてしまいます。

　しかし、実験では変異株の概日リズムは通常の明暗（昼夜）リズムのもとで行われたのではなく、赤外線下で観察されています。ハエは波長の長い赤や赤外線の光を感ずることがなく、したがって、ハエとしては一日中夜と同じ恒暗条件で行われたものです。

　この実験が昼夜の明暗リズムで行われると、たとえピリオド遺伝子のないハエ（per⁰）でも24時間の生体リズムを示し、異常はみられないのです。もちろん、ほかのピリオド変異体でも昼夜明暗リズム下ではリズムの乱れは見られないのです。この点では他の動物実験で行われた時計遺伝子の変異体の結果と同じことで、時計遺伝子の概日リズムは生体リズムに対して補助的な働きしかないのです。

　もう一つは、クリプトクロムというタンパク質の関与です。このタンパク質は光で活性化し、これが昆虫のショウジョウバエで一日の時間をはかる重要な働きをしていることです[*9]。

　クリプトクロムは動物だけでなく植物にも見られるタンパク質で、FADと呼ばれるNADに似た補酵素を持っている青色光受容タンパク質で、植物では遺伝子発現系に作用して光による成長、芽や花の形成、生育などに関与しているものです。

　一方、動物のものは構造的には植物のものとよく似ていますが、機能的にはまったく異なり、光で活性化して自分で自分を分解するという性質を持っています。光の中でも青色に感じますが、多くの生物の体内には光に反応するタイプと反応しないタイプのクリプトクロムがあります。ただ、ショウジョウバエでは、青色光で活性化されるタイプだけが全身に含まれています。

　ショウジョウバエではクリプトクロムは朝に合成され、タイムレスという時計タンパク質と結合します。そのため、昼の光を浴びても分解することはありません。そして夜になって光が消えるとクリプトクロムは

タイムレスと離れて、こんどはピリオドと結合するようになります。

　そして、このクリプトクロム＋ピリオド複合体が核内に移行して、色々な遺伝子の転写活性を抑制します。そして、明け方になると細胞質内に出て光をうけて分解されます。ですから、クリプトクロムはちょうど一日の寿命を持っていることになります。

　このようにちょうど一日の寿命を持つ時計遺伝子は他にはなく、クリプトクロムが概日時計機構の中で一日の長さを規定している分子であることが分かってきました。

　問題はクリプトクロムにその概日時間を認識して記憶するような機能があるかどうかです。その点はまだはっきりしていませんが、クリプトクロムはかなりのリン酸化を受けることが分かり、今、そのリン酸化に関わる酵素や調節機構についての研究が、日本の理化学研究所など、世界中の研究機関で盛んに行われているようです。

　このように、ショウジョウバエはクリプトクロムの働きで一日の長さを測って概日リズムの形成に寄与していると考えられます。ショウジョウバエではクリプトクロムはこの青い光で分解される一種類で、脳ばかりでなく全身にも分布しています。

　ただ、クリプトクロムはすべての昆虫で同じようにあるというわけではなく、蝶、蚊、ハチなどショウジョウバエより少し大型になる昆虫では、光で分解されるクリプトクロムは脳だけにあり、他の組織では光に感じない「ほ乳類タイプのクリプトクロム」があるということです。その違いは何からくるのかは不明ですが、どうも実験で使われるキイロショウジョウバエは体が小さい（３ミリ以下）ので光が体に中まで浸透し、日光によって直接調節されるからのようです。ただこれには異論もあるということです。

　では、ほ乳類タイプのクリプトクロムはどう違うのかというと、光

（青色光）を受容して活性化して分解することはできないのです。それでは何によって活性化するのかというと、どうも磁気によるようなのです。なぜ光ではなくて磁気なのかというと、昆虫類は眼にまぶたはありませんから明暗の変化は直接に受けることが出来ますが、ほ乳類ではまぶたがあり、また夜は睡眠しますから、光を直接の昼夜リズムのシグナルには出来ないからかではないかと考えられます。

　地球上の磁気は地球自身のもつ地磁気がありますが、太陽からも光とともに太陽風に乗って強力な磁気が降ってきています。それは地球の地磁気や大気によって大きく阻止され、地球をさけるように流れてゆきます。ですから、光と同様、地球上の昼夜の磁気の流れにはっきりと変化を生じ、地磁気の周日リズムとして観測されています。

　また、ほ乳類のクリプトクロムも全身の細胞内でピリオドと結合して機能しますが、全ての種類が磁気を感じるものではありません。磁気を感じると分かっているのは網膜にあるものだけで[*10]、体内時計の中枢（マスター時計）があるといわれる視交叉上核のものについてははっきりしていないようです。しかし、視交叉上核の概日時計は網膜からシグナルを受けますから磁気変化を感じて、ほぼ一日の周期を持つことが推測できます。それによって脳内の食欲や睡眠などの変化に関係する神経核に情報を送っているものと思われます。

　ただ、注意して欲しいことは、ヒトでも視交叉上核がなければ概日リズムが崩れるというものではありません。昼夜リズムに合わせて食事をとり、代謝リズムを崩さなければ大丈夫で、そちらの方が主役であることは明らかです。

◎ほ乳類の生体リズムの機構

　そういうことで、概日リズムはどの生物においても、体内時計ではなくエネルギー代謝振動が生物リズムの中核ではないか、と考えられます。それでは次に 4 時間くらいの周期を持つエネルギー代謝リズムが 24 時間周期になるメカニズムを考えなくてはいけません。

　それにはまず、ほ乳類の生体リズムが散逸構造理論に当てはまるものかどうかを知る必要があります。つまり、一日のエネルギー代謝に、同化相と異化相のリズムがあることを証明しなければいけません。

　ほ乳類のエネルギー代謝についての研究は多いのですが、酵母の 4 時間周期で見られた NAD^+/NADH 比や ATP の細胞内濃度の日内変化などの研究報告はまったく見当たりませんでした。しかし、概日リズムの研究論文の中に、ほ乳類においてもエネルギー代謝が同化相と異化相が概日周期をもって振動していることを示す証拠が多数見いだされているのです。

　普通、ほ乳類などの概日リズムは、活動／睡眠リズムで観測されますが、それがエネルギー代謝の同化／異化リズムと平行するものかどうか証明できないといけません。しかしそれは簡単で、そこで働くホルモンを考えると、両リズムは平行して行われていることが分かります。

　つまり、活動期では同化を促進するインスリンが主に肝臓を中心に働き、睡眠期には異化ホルモンの代表であるグルカゴンが働いています。これら代表的な二つのホルモンの一日の働き方を見ると、エネルギー代謝のリズムが見えてきます。

　つまり、活動期（昼行性動物では昼、夜行性動物では夜）にはエサを食べるために血糖値が上がり、膵臓からインスリンが分泌されてきます。エサの中の糖類は、一部はエネルギー源として使われますが、多くはイ

ンスリンの作用で肝臓や骨格筋ではグリコーゲン、脂肪組織では中性脂肪として貯蔵されます。このことから、活動期は同化期にあたるとみることができます。

　そして、睡眠期にはグルカゴンなどの異化ホルモンが分泌され、エネルギー代謝が亢進されてきます。すると遺伝子発現やタンパク合成が促進し、新陳代謝が進みます。また、ほ乳類でも、グルカゴンは多くの組織の細胞に働いてサイクリックAMP（cAMP）を分泌し、エネルギー代謝を促進します。

　ですから、ショウジョウバエの概日時計でお話ししたように、クロックなどの主要時計遺伝子がなくても、昼夜の活動／睡眠リズムがあればエネルギー代謝系によって生ずるcAMPシグナル系でリズムを形成することができます。

　結局、時計遺伝子による概日時計は、全ての生物において直接に概日リズムを制御しているのではなく、環境の明暗リズムが乱れた時に働くバックアップシステムであると考えられます。

◎食餌とエネルギー代謝リズム

　このように高等生物でもエネルギー代謝が概日リズムをコントロールしていることが食事などの生活パターンからうかがえますが、これは多くの実験結果から裏付けられています。

　例えば、夜行性動物は夜エサを食べますが、食餌を昼間の一定時間だけに制限すると、3日以内に、光のマスター時計のある視交叉上核とは別の部位（視床下部の背内側核）に食餌でリセットされるマスター時計が生じ、制限給餌に対応した概日リズムが形成されるのです[*11]。

　ただ、その視床下部の背内側核を削除したマウスでも制限食餌による

概日リズムができることが分かり、そのマスター時計の形成は必須ではないことが分かりました。これは、昼夜リズムで出来る通常の概日リズムも視交叉上核がなくてもできることと同じことだと思われます。

　また、制限食餌による概日リズムでは、明暗（昼／夜）とは関係なく、食餌前にグルカゴンや糖質コルチコイドが分泌され、予期行動も見られ（したがって、異化期）、食餌後にインスリンが分泌される（したがって、同化期）ようになります。

　さらに、NAD助酵素の酸化／還元状態を測定した結果では、酵母と同様、異化期には酸化型NAD（NAD⁺）が多く、同化期には還元型NAD（NADH）が多いことが報告されています。また、肝臓内のATP濃度も、酵母と同様、呼吸が低い同化期の方が高いということです。

　このことから、食餌は光に優先して概日リズムのリセット因子（調節因子）となり、ほ乳類でも酵母と基本的に同じ機構でエネルギー代謝リズムが刻まれていることが分かります。

　このように、ホルモンにはエネルギー代謝の制御に関与するものが多いのですが、研究報告の多くは生物リズムとの関係で行われているわけではありません。それで、今回のようにエネルギー代謝リズムの観点からみて、ホルモンの働きを予測して論文検索すると、意外な事実がいろいろと判明することがありました。

　それは、エネルギー代謝リズムでの脳の関与について調べる時に多いものでした。特に、末梢では同化ホルモンとして働くインスリンが、脳中枢では異化を促進するように働いているのは、おどろきました。いうまでもなく、脳内には神経や内分泌系に関する中枢があり、エネルギー代謝も調節を受けています。

　脳以外の体内ではインスリンは同化期に分泌され、肝臓でのグリコーゲンの合成などに機能しています。ところが脳に対しては作用が遅れ、

同化期の半ばくらいから血中のインスリンが徐々に脳内に移行し、摂食ホルモンのニューロペプチドＹ（NPY）の発現を抑制して、食欲を抑制するのです。

　また、脳内の中枢から分泌されるエネルギー代謝に強く関与している神経ペプチド（神経の情報伝達に関与するペプチドのこと。ペプチドは短いタンパク質）はオレキシンとニューロペプチドＹがよく知られています。どちらもインスリンによって食欲が低下して摂食行動が収まった後、ヒトでは同化期（昼）から異化期（夜）に移ってから分泌されます。

　つまり、摂食行動が収まってくると血糖が低下し、視床下部のオレキシン神経が刺激され、分泌されたオレキシンがグルカゴンや糖質コルチコイドなどの異化ホルモンの分泌を促進するのです。これらのホルモンの働きでエネルギー代謝が促進され、次第に異化期への移行が行われるのです。

　さらに、異化期が進んで同化期へ移行する頃（昼行性生物では明け方）には、動物は運動活性をあげて肝臓での糖新生によって血糖値を上昇させます（摂食予備運動）。この頃、血中糖質コルチコイド値は最高値をしめします。それに伴って脳内の糖質コルチコイド値も上昇し、ニューロペプチドＹの発現を促進し、食欲を促進します。

　そして、食物摂取によって血糖値が上昇すると膵臓からのインスリンの分泌を促進し、同化期に入るのです。それによってエネルギー代謝のフィードバック制御ループが完結し、代謝リズムが形成されます。

　動物、ことにリス、ネズミなどのげっ歯類のような小動物にみられる活動期初期における摂餌予期運動は、食物を探索する行動と結びつき、進化的に保存されたものと考えられますが、人間など大型の動物にはこの運動活性はほとんど見られません。しかし、糖質グルココルチコイドの分泌上昇は同じように見られるので、運動とは協調しない経路で糖新生反応が促進されているものと思われます。

先に酵母のエネルギー代謝振動の異化期の制御にサイクリック AMP（cAMP）が重要な働きをしていることを述べましたが、ほ乳類の概日リズムでもやはり大きな役割をしています[*12]。異化期で働くホルモンや神経ペプチドの中では、ステロイドホルモン以外のグルカゴン、アドレナリン、オレキシンなどの多くが細胞内に cAMP を産生して作用しています。

　また、概日時計の時計タンパク質の中で、促進因子として働くクロック＋ビーマル1複合体がフィードバック制御ループの中で重要な転写因子の働きをしていることを述べましたが、クロック＋ビーマル1の標的となる遺伝子の多くが、cAMP で活性化される転写活性化因子（CREB と略称される）の結合サイトを同時にもっていて、同じように抑制ないし促進されることが明らかになっています。

　つまり、時計タンパクの転写因子が働く遺伝子の多くは cAMP の標的遺伝子の一群なのです。cAMP シグナル伝達系が概日リズムの制御に関係していることは、視交叉上核を切除したり、主要時計遺伝子を除去しても、明暗条件下なら、ホルモンや cAMP によってエネルギー代謝リズムが保たれて、概日リズムが乱れない理由だと考えられます。つまり、何度も言いますが、概日時計は環境の明暗リズムが乱れた時に働くバックアップシステムなのです。

◎概日リズムにおける睡眠の役割

　このように概日リズムはホルモンやエネルギー代謝の関係分子（ATP、NAD や cAMP など）によって制御されていることが分かります。では、それらが自然界のどのような変化に応じて機能しているかと

言うと、まぎれもなく昼と夜の明暗リズムになります。普通、概日リズムは覚醒期（昼）／睡眠期（夜）の繰り返しで、朝の光でリセットされると言われています。

　そしてそれに関連して昔から興味をもって研究されてきたのが、覚醒期（活動期）から睡眠期に入る時におこる変化、つまり睡眠開始のメカニズムです。睡眠が何故おこるのか、なぜ必要かについては昔から興味が持たれ、良く研究されてきました。そして、睡眠を促進するために働く睡眠物質が現在までに30種類以上が見つかっています。そのほとんどが脳内に働く活性物質（局所ホルモン）で、それによっても脳が睡眠に重要な役割をしていることが分かります。

　その睡眠物質の中で、最も良く知られているのはメラトニンです。これはマスター時計をもつ視交叉上核から発せられた刺激で松果体から分泌されるホルモンです。しかし、メラトニンは脈拍、血圧、緊張を下げて眠りやすくする効果はありますが、直接、睡眠中枢（以前の満腹中枢）に働くのではありません。その証拠に、視交叉上核や松果体を手術で、あるいは遺伝子操作で働かなくしても睡眠は正常に行われます。

　なお、最近になってメラトニンのエネルギー代謝への作用が注目され、概日リズム、肥満、老化などへの作用が研究されてきているようです。

　メラトニンの次に有力視されているのがアデノシンで、これはATP（アデノシン-3-リン酸）の分解物でエネルギー代謝に関係する分子です。普通、エネルギー代謝でATPが使われても3個のリン酸が全部切り離されてアデノシンまで分解される事はありません。しかし、脳では神経細胞間での情報伝達の際に、ATPが神経伝達物質とともに細胞外に分泌され、アデノシンにまで分解されるのです。

　そのため、活動期である覚醒期ではアデノシン濃度はだんだん高くなり、睡眠に入る前に最高値になり、睡眠を促進してきます。ただし、アデノシンは、睡眠中枢を直接刺激するのではなく、覚醒中枢からの神経

群の興奮を抑え、間接的に睡眠を促進しているといわれます。ですから、アデノシンの受容体を遺伝子操作で働かないようにしたマウスでも、睡眠は正常に行われるということです。

　ですから、睡眠に入るためにはいろいろな睡眠物質が働いているのは確かですが、確定的なものはまだ分かっていませんし、そんなものはないのかも知れません。そうだとすると、あまり睡眠だけにこだわらずに、概日リズムの流れの中で捉えねばならないのかもしれません。

　実際にそのようなことを示唆する結果が、先程出てきましたオレキシン（別名ヒポクレチン）の研究から分かってきました。オレキシンの発見は、テキサス大学の柳沢正史、櫻井武（現金沢大学教授）らによって行われ、その機能も明らかにされてきました[13]。

　ヒトでこのオレキシン遺伝子が欠損すると、覚醒反応がみだれ、ナルコレプシー（仮眠症）という病気になります。ナルコレプシーでは、昼間でも情動（感情）が乱れた時に一時的なレム睡眠様の睡眠状態になって眠ってしまいます。そして、夜間ではレムからノンレム睡眠（後述します）への移行の際に一時的に覚醒するというような症状が現れます。このことから、オレキシンが睡眠／覚醒にいかに重要な機能をしているかが分かります。

　オレキシンを産生する神経核は視床下部にあります。視床下部はこの後にも良く出てきますが、左右大脳半球の基底部（大脳辺縁系）にある間脳の一部で、比較的せまい領域です。しかし、自律神経系や内分泌系を調節して、エネルギー代謝や睡眠などの体の機能を総合的に調節している重要な部位になります。

　オレキシンの研究から分かってきたことは、その分泌が脳内のブドウ糖濃度の低下に依存するということです。脳内のブドウ糖濃度は血糖値とほぼ並行して変化します。ですから、肝臓のグリコーゲンも底をつい

てくるエネルギー消費期の終わり頃、ヒトでは睡眠が終わる明け方にオレキシンが分泌されてくると考えられます。

そして、明け方に分泌されたオレキシンは、同じ視床下部にある覚醒中枢に作用し、そこからノルアドレナリンやヒスタミンなど覚醒に関与するホルモンが脳内に分泌されます。これらの受容体を持っているのは大脳皮質や交感神経系など多くの神経細胞で、これらが活性化されて覚醒が始まることになります。

覚醒中枢が活性化されてくると、摂食行動が刺激されてきます。食餌をとることによって、覚醒中の活動を行うに十分なエネルギーを獲得できます。

このようにブドウ糖濃度の低下が覚醒から摂食への導入に関わっているのですが、食事をとった後は脳内のブドウ糖濃度が上がります。食後に眠気を感じるのはそのためですが、満腹感が感じられればやる気が起き、畑仕事や会社勤務などの活動への意欲があがってきます。

このようにやる気で覚醒が持続できるは、脳内に緊張、不安、恐怖、喜びなどの「情動」を処理して行動をおこさせる中枢が、大脳辺縁系（記憶に関わる海馬や情動にかかわる扁桃体（核）がある）にあるからです。そこからの神経刺激が覚醒中枢にはたらき、脳内のブドウ糖濃度が高くなっても覚醒が維持できるのです。

また、オレキシン分泌には胃からの刺激ホルモン（グレリン）や脂肪組織からの抑制ホルモン（レプチン）も働いていますが、これらは睡眠不足や食べ過ぎなどの状況に応じて作用しているようです。

そして重要なのは、覚醒期（活動期、ヒトなら昼間）が終わり、睡眠期に入る頃の変化です。覚醒期で十分の食餌がえられ、仕事も終われば満足感がえられ、情動（感情）作用を営む脳内の神経系も交感神経も抑制されオレキシンの分泌が抑制されてきます。その結果、覚醒中枢が抑制され、睡眠中枢が活性化され、眠くなってくるのです。

睡眠を促進する睡眠中枢は、覚醒中枢と同じ視床下部にあります。そして、覚醒中には覚醒中枢によって睡眠中枢が抑制され、睡眠にはいってからは睡眠中枢が覚醒中枢を抑制するようになっています。このように相互に抑制し合うことによって、覚醒と睡眠の中枢が同時に活動して混乱しないようになっているのです。

　このように、同化／異化の概日リズムだけでなく、覚醒／睡眠の概日リズムも食餌を中心とするエネルギー代謝の調節を受けて、脳で調節されていることが分かります。それだけエネルギー代謝はわれわれの体で重要な働きをしているのです。

　それでは、いよいよ脳のエネルギー代謝がこころの形成にどのように関係しているのか、考えてみたいと思います。

第3章　脳におけるエネルギー代謝リズム

◎脳の構造の概略

　動物、特に進化したほ乳類は仲間をつくって社会生活をしています。しかし、社会生活はそれほど楽なものではなく、いつも考えながら行動しなければなりませんから、かなり大変です。それには主に脳、筋肉、免疫系などが関わっており、これらの臓器がこの活動期（ヒトでは昼間）には活発に機能しなければなりません。そのため、これらの臓器は肝臓のように昼間は同化期、夜は異化期というようなエネルギー代謝リズムを行っているわけにはいきません。

　そういう臓器グループの中で最も重要な働きをしているのが脳になります。脳は非常にエネルギー消費の高い臓器で、重量は1.5キログラムくらいで肝臓と同じくらいですが、その倍以上のエネルギーを使っています。それは全身のエネルギー消費量の20〜25％にもなります。

　脳は昼間の活動期には外界からの情報や刺激に反応して働きます。そして、夜間には睡眠期に入り、体は休むことになりますが、脳は昼間の活動期と同じくらいのエネルギーを使って活動しているのです。

　脳が使うエネルギーは、当然ですが心臓を中心とする血管系から運ばれてきます。脳を見ると表面にかなり大きな血管が多く走っていますが、そこから脳内へ多くの毛細血管が入り込んでいます。しかし、それらの毛細血管で運ばれた栄養素やホルモンなどがそのまま脳内に分泌されているかというとそうではなく、選択的に吸収されているのです。

エネルギー代謝で使われる分子はブドウ糖ですが、それがどのように代謝されて利用されるかは、脳の部位でかなり違うのです。特に、大脳皮質と大脳の辺縁部にある視床下部や海馬などではかなり違ったものになります。それが問題のデフォルトモード神経回路（DMN）でのエネルギー代謝の特殊性によるのですが、そのまえに、これらの脳の構造や各部位の役割などについて簡単に説明しておきたいと思います。

　脳を構成する細胞は大きく分けて、神経細胞（ニューロン）とグリア細胞に分けられます。神経細胞は情報の受け渡しや記憶の形成を行う細胞で、グリア細胞は神経細胞を構造的に支持し、神経細胞の機能の補助や栄養補給などの役割を果たしています。グリア細胞には主なもの3種がありますが、細胞数では神経細胞の10倍以上存在し、その代表が星状細胞（アストロサイト）と言われるもので、大脳皮質でのエネルギー代謝に重要な働きをしています。

　脳は、構造的には大きく大脳、小脳、脳幹に分けられ（図5）、その中には一千数百億の神経細胞が働いています。そのなかで一番大きいのは大脳で、ヒトでは脳全体の約8割を占めています。大脳の表面は大脳皮質（灰白質）、内部は脳髄質（白質）という構造になっています。大脳には、約140億の神経細胞があり、ここに全身からさまざまな情報が送られてきて、その情報の記憶、過去の記憶との調整と判断、最終的な反応の意志決定などに関わっています。

　そして、大脳の下部、後頭部に飛び出したように接続しているのが小脳です。ヒトの小脳は、大きさは大脳の10分の1ですが神経細胞の数は1000億以上あり、それだけ緻密な反応をしていることになります。機能的には、大脳などと共同して随意筋運動の運動機能を統合して平衡を保ったスムーズな行動ができるように調整しています。

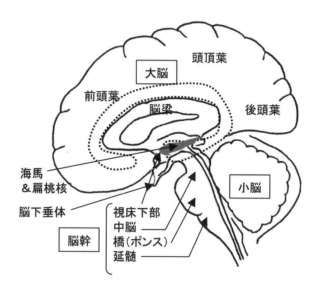

図5　脳の略図。左右の脳葉の切断部から見たところ。脳梁は左右の脳葉からの
　　神経が交わる部位のこと

　脳幹の神経細胞には主に大脳からの神経細胞群が接続し、そこから下部の脊髄に接続しています。そこには「運動神経」「感覚神経」の神経線維が通り、視床下部（間脳）、中脳、橋（ポンス）、延髄などを含んでいます。これらは、自律神経、循環、呼吸、内分泌など生命維持に基本的に必要な機能の中枢があります。ですから、機能的には、大脳は社会的な生体反応を、脳幹は基本的な生理機能に関係している組織ということになります。

　さらに、大脳は進化的に一番新しい新皮質、中間の旧皮質、一番古い古皮質から構成されています。ですから、ヒトなどの霊長類ではこれら全てが良く発達しています。また、これらは、生まれてから成人になるまでに、旧皮質→古皮質→新皮質の順に成長していきます。その間に成長の異常などが起こりますと発達障害の原因になります。

47

機能的には、新皮質は感覚や運動の情報を認知し、一時的に記憶しながら過去の記憶と対照して、知的および感情的な判断をして、その情報にいかに対応するか意思決定しています。また、旧皮質は進化的には両生類（カエル、サンショウウオなど）、鳥類の大脳からあらわれるもので、新皮質に比べれば機能はずっと落ちて反応は反射的なものですが、基本的には同じような働きをしています。

　最後の古皮質は、進化的には魚類、は虫類（ヘビ、トカゲなど）などに見られるものです。古皮質は、大脳が内側に折れて、小脳や脳幹に接続する付近にあります。また、旧皮質や古皮質には大脳辺縁系と呼ばれる海馬、扁桃体（扁桃核）、帯状回廊視床下部などが含まれます。

　また、大脳辺縁系に接続して視床、視床下部、脳下垂体などがあり、普通は間脳として大脳からは独立した領域に分類されるようです。しかし、機能的によく連絡しあってでてきますので、ここでは大脳辺縁系に含めてお話ししてゆきます。

　大脳辺縁系は本能的な欲求（食欲、性欲）、感情（恐怖、怒り）などの記憶の形成に関係しています。また、ヒトなど新皮質をもつ生物では、大脳皮質での記憶の長期保存（固定化）に関係しています。

　そして、これら新皮質と旧、古皮質の大脳皮質間ではエネルギー代謝に大きな違いが見られるのです。

◎脳血液関門とエネルギー源の吸収

　脳内の毛細血管からは、脳に必要な成分だけが選択的に透過して脳内に入れるようになっています。この吸収の制限に関する機構は脳血液関門（Brain-Blood-Barrier。略してBBB）と呼ばれています[14]。ただ、血液中の脂溶性の成分は同じ脂溶性の細胞膜に吸収される形で透過しま

すからコントロールは出来ません。

　脳内に吸収される分子はそれぞれに特有なトランスポーター（輸送体）があり、毛細血管の皮細胞やグリア細胞、神経細胞の膜にあり、それぞれに特有な分子を透過できるようになっています。

　脳内に吸収されて利用されるエネルギー源は正常状態ではブドウ糖のみで、飢餓時でブドウ糖がごく少ない時には、脂肪やアミノ酸などからケトン体が生成されて利用されることもあります。血液脳関門（BBB）にあるブドウ糖のトランスポーターは他の臓器でも使用頻度の高いGLUT1 で、脳内のブドウ糖濃度は血糖値の 60% くらいになっているということです。

　また、エネルギー代謝関係のホルモンでは同化ホルモンであるインスリンは関門をとおり、脳内で作用します。インスリンは肝臓では同化期でのグリコーゲン合成を刺激していますが、脳では前章でお話ししたように、同化期の後半になってから脳内に取り込まれ、異化期への移行を促進するような反応をします。

　一方、異化ホルモンでは、内蔵系で主要な働きをしているグルカゴンは脳血液関門を通れません。かわりに、副腎皮質から分泌される糖質コルチコイドが脳での主要な異化ホルモンとして作用しています。糖質コルチコイドは、グルカゴンと違い脂溶性ですから細胞膜を自由に通過できます。

　糖質コルチコイドは、副腎皮質から分泌される糖代謝に関係するステロイドホルモンの総称で、代表はヒトではコルチゾールと呼ばれるものです。糖代謝に対する作用は多彩ですが、重要なのは異化期（ヒトでは夜）に肝臓にはたらいて、脂肪やタンパク質からブドウ糖の産生を促進することです。それによって肝臓のグリコーゲン分解をさけながら血糖値をあげられます。脳は異化期に入った時やストレスなどでブドウ糖の要求が上がる時は、その刺激が脳下垂体から刺激ホルモンが出され副腎

皮質から糖質コルチコイドが分泌されてきます。

　この脳血液関門の存在様式や機能の仕方は脳内の各部位の機能と関連して、部位によってかなり違いが見られます。特殊なのは大脳皮質で、神経細胞にはブドウ糖のトランスポーターは、全くないとは断定できないようですが、あったとしてもほとんど機能していません。ですから、ブドウ糖は毛細血管から神経細胞を取り囲んでいるアストロサイトに吸収されて解糖系で分解され、神経細胞に乳酸という形で送られます[*15]（図6）。

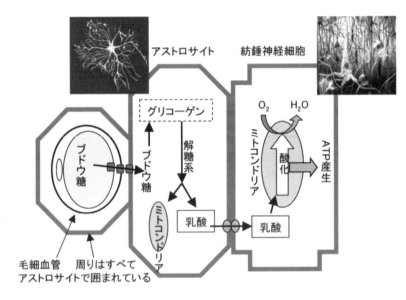

図6　大脳新皮質でのエネルギー代謝。図中、●はブドウ糖トランスポーター、●は乳酸トランスポーター（DCT）

　一方、大脳皮質からはなれた視床下部や海馬、扁桃体などの大脳辺縁系の神経細胞では高感度の GLUT3 トランスポーターが発現しています。この領域の毛細血管のアストロサイトは大脳皮質にくらべて少なく、血管が完全には覆われていません。ですから、ブドウ糖は血管から直接脳

脊髄液に流れ出てきますから、この領域の神経細胞は、ブドウ糖を直接吸収してエネルギー源として使うことが出来ます。

　従って、この大脳辺縁系にある神経細胞は解糖系とミトコンドリア系の連携でエネルギー代謝が行われています。そのため、大脳皮質のような迅速な反応は出来ませんが、エネルギー代謝リズムを作って高いエネルギー産生能力を利用することができます。そのため多くのエネルギーを要する複雑な機能をすることができるわけです。

　それでは、最初に大脳の新皮質のエネルギー代謝からみていくことにします。新皮質の特徴は表面の灰白質（以下、単に「皮質」と慣例的に呼ぶことにします）に神経細胞が集中していることです。皮質の厚さは1〜4ミリくらいの薄いものですが何層かの大型の神経細胞が並んでいます。その神経細胞は、大きさの違いはあっても形状がピラミッドを逆さまにしたような形をしており、紡錘あるいは錐体神経細胞と呼ばれますが、ここでは「錐体細胞」と呼ぶことにします。

　ヒトの大脳皮質では、140億個もの錐体細胞があるといわれ、一つの細胞は何千〜何万という突起（樹状突起という）を出しており、そこでシナプスを形成して他の神経細胞からのシグナルを受けています。そのシグナルの中には末梢の視覚や聴覚などや、中枢の脳内の細胞からのものが含まれることになります。

　なお、シナプスというのは神経細胞間の連絡のための構造ですが、送る方と受ける方は直接接着しているのではなく、0.15ミリほどの間隙があります。その間に神経伝達物質が分泌され、受ける側の受容体に結合してシグナルの伝達が行われます。

　そして、一つの錐体細胞からは、一本の軸索と呼ばれる神経繊維が内側の白質の方にのびています。そして、その末端では多くの神経細胞とシナプスで結ばれ、錐体細胞からのシグナルを送っています。ですから

われわれの大脳では人工知能（AI）も顔負けの複雑な配線構造をもっているのです。

　錐体細胞に限らず、全ての神経細胞は細胞体にある樹状突起のシナプスから電気シグナルを受け取ります。受け取った電気シグナルはその神経細胞のエネルギー代謝系を刺激します。その刺激が充分に大きければ細胞は発火します。発火と聞くと少し大げさですがこれは専門用語で、神経細胞が刺激によって興奮し、電気パルス（インパルス、スパイクともいう）を作って軸索へ送り出すことです。この電気パルスは樹状突起から細胞体へ、そこから軸索を通ってその末端の突起にあるシナプスへ送られます。

　では、電気パルスはどうやって作られるかということですが、やはりエネルギー代謝から得られるATPを使って行われます。脳内では普通、細胞膜の外はナトリウムが多く、細胞内はカリウムが多い分布になっています。それで、イオントランスポーターでナトリウムを内側に、カリウムを外へ排出するようにします。それによって、膜の内外に電気的な勾配が出来、電気パルスが生じてきます。

　そして、電気パルスが軸索を進んで次の神経細胞に信号を伝えるときには、やはりシナプスのところで今度はカルシウムイオンが細胞内に流入し、それがミトコンドリアに入って刺激し、ATP産生をあげることになります。これによって電気エネルギーが化学エネルギーに変えられて神経伝導物質が放出され、それが受け手の神経のシナプスにある受容体に結合して、電気パルスが発生し信号が伝達されます。

　また、シナプスで神経伝達物質が受け渡されるときは多くのATPが神経細胞とそれを囲んでいるグリア細胞からも分泌されてきます。そして、神経伝達が終わるとATPはアデノシンまで分解されます。

　各パルスの膜電位はほぼ一定ですから、パルスごとにエネルギーに違いはありませんが、強いシグナルほどパルスの回数が多くなるのです。

ですから、よく使われるシナプスほどエネルギーの供給が多くなり、シナプスの伝達物質や受容体をつくるためにミトコンドリアやタンパク合成系が発達し、強化されて長期に使用されることになります。

　このように、神経伝達にはかなり多くのエネルギーが使われることが分かります。そのためにはエネルギー源としてブドウ糖が使われるのですが、前述のように大脳皮質内ではブドウ糖は錐体細胞ではなく、それと結合するグリア細胞のアストロサイトに吸収されます（図6）。アストロサイトは日本語では星状膠細胞と呼ばれるように多数の枝を伸ばしており、その枝からはさらに何万という突起がのび、多数の神経細胞とシナプスで接着しています。

　アストロサイトに吸収されたブドウ糖は細胞内でグリコーゲンに合成され、貯蔵されます。そして、必要に応じて解糖系で乳酸にまで分解され、乳酸の形で神経細胞に供給されるのです。アストロサイトは非常に多数のシナプスをもっていますから、そのエネルギー代謝は非常に高いものになると考えられます。

　アストロサイトでのグリコーゲンの合成はインスリンの作用を受けて行われますから、内蔵系の肝臓のような働きをするのです。ただ、肝臓と違うのは、アストロサイトはグリコーゲンをブドウ糖（血糖）ではなく、乳酸として神経細胞に供給しているのです。

　また、この乳酸の細胞内濃度は、受けとる神経細胞で一定で、アストロサイトで変化することが分かっています。そのことから、乳酸は神経細胞からの要求があってアストロサイトから送られており、アストロサイトのエネルギー代謝にはリズムがあるのではないかと思われます。神経細胞に吸収された乳酸はミトコンドリアに直接取り込まれて酸化され、多くのATPを産生します。

　このように神経細胞ではミトコンドリアの基質（乳酸）が常に用意されていますから、細胞は素早くエネルギーを産生して、すばやく反応す

ることができるのです。それで、外界におこる危険などを素早く探知して反応し、生命を守ることが出来ます。このような素早いATP産生を解糖系でのブドウ糖の代謝から始めようとしても、時間がかかって不可能です。

　ただし、乳酸が神経細胞のミトコンドリアに吸収されて酸化されるには、ミトコンドリアがある程度は活性化されていなければなりません。ですから、どの神経細胞でも常に、処理する情報がない時でも、ミトコンドリアがある程度は活性化されている必要があります。それではじめて、細胞がいつでも刺激に反応できるような状態に保たれることになります。

　このように大脳皮質は常時エネルギーを使っているのです。それでは、神経伝達以外でそのエネルギーが何に使われているかというと、最近、それによって神経間のシナプス形成が進むことが分かってきました。そうだとすると、大脳の神経細胞はシナプスですぐいっぱいになり、脳が使えなくなるのではないかと心配されますが、そうならないのは、シナプスは出来てもそれで固定されるわけではなく、使われないものは自然と消えるからです。この現象は「シナプスの可塑性」と呼ばれています。

　先にも言いましたように、各シナプスの強さは使用回数の多いほど強固になります。ですから、大脳皮質に入ってくる情報の記憶は一時的で、結局、大脳皮質で作られているエネルギーでは記憶の固定まではできないのでしょう。

　それでは記憶の固定（長期保存、痕跡化などとも言われます）はどうやって行われているかというと、睡眠中に大脳に入ってきた記憶の整理が行われ、残すべき記憶の固定が行われます。その記憶の固定に関わっているのが、大脳辺縁系にある神経核の海馬や扁桃体になります（図5）。そこでは大脳皮質とはまったく違ったエネルギー代謝が行われています。

◎記憶の固定と辺縁系でのエネルギー代謝

　それで、記憶の固定の話になりますが、ひとことで記憶といっても色々なものがあり、大きく分けて陳述記憶と非陳述記憶に分けられます。陳述記憶というのは言葉で説明可能な記憶で、その代表はエピソード記憶といい、生活上の出来事やそれに対する自分の反応行動をさし、その記憶に関係するのが海馬です。

　また、非陳述記憶というのは言葉では説明できない記憶で、いろいろなエピソードに伴って心に生ずる感情をいい、その記憶を担当するのが扁桃体なのです。

　両者は別々の記憶として二つの神経核で扱われますが、それらは関連づけられて大脳の神経細胞におくられ、固いシナプスを形成することによって固定されることになります。そのために、これらの神経核では強い電気パルスを送るため、かなり高いエネルギー代謝が行われているはずです。

　また、視床下部では自律神経系の神経核があり動物の基本的な生理機能を保つ働きをしています。つまり、自律神経系や内分泌系の調節により動物の体温（恒温動物）、血圧、血液成分などを一定にたもっています。

　大脳辺縁系の神経細胞では高感度のGLUT3トランスポーターが発現していますので、多量のブドウ糖を直接吸収してエネルギー源として使うことが出来ます。そして、記憶の固定に関する活動は、夜間に行われるのが分かっています。つまり、昼は大脳皮質での外界からの情報を処理することでエネルギーを使っていますから、昼に行うのは無理なのでしょう。

　それでは、記憶の固定と言うかなりエネルギーを必要とする機能を行うために、神経細胞はどのようなエネルギー代謝をしているのでしょう

か。エネルギー代謝リズムが必要とされるように思われますが、今のところ、脳にエネルギー代謝のリズムがあるという報告はありません。

　しかし、睡眠時にはレム―ノンレム睡眠のリズムがあり、最近の研究から両睡眠のあいだにエネルギー代謝で大きな差があることが分かってきました[*16]。ノンレム睡眠にくらべレム睡眠ではエネルギー代謝が非常に高くなっているのです。ですからレム―ノンレム睡眠はエネルギー代謝リズムで生まれてくる可能性が高くなっています。

　機能的には、レム―ノンレム睡眠では海馬や視床下部と大脳皮質との間に行われる記憶（エピソード記憶）の形成が行われます。ノンレム睡眠では覚醒時に形成された大脳皮質のシナプスが整理され海馬へと移され、レム睡眠で海馬から大脳へ記憶が転送され固定化（記憶痕跡化）が行われると考えられています。

　また最近、この記憶の長期保存にはアストロサイトからもエネルギーの供給があることが分かってきました。アストロサイトは神経細胞への乳酸の供給源として重要ですが、ミトコンドリアで好気的にATP産生し、自己の構造維持、細胞分裂、シナプスへのATP供給などを行っているのです。

◎レム―ノンレム睡眠の形成と機能

　レム―ノンレム睡眠は脳波を観察することによって区別されます。睡眠に入ると、まずノンレム睡眠が始まります。リズムの周期は平均1時間半くらいのもので、それを一夜で4、5回繰り返します。脳波から判断すると、最初のノンレム睡眠が最も長く深いのが特徴で、その後は次第に浅くなってきます。そして、レム睡眠の時間が少しずつ長くなっていくようです。

　ノンレム睡眠は脳波の観察から徐波睡眠ともいわれ、覚醒時に比べるとずっと緩やかな脳波を示します。つまり、脳は仕事を休んでいる状態なのです。

　また、最初のノンレム睡眠が始まる時に合わせて、成長ホルモンの分泌がおこります。成長ホルモンは幼少期の骨や筋肉の成長を促すホルモンとして知られていますが、成人でも骨、筋肉、皮膚などのメンテナンスを促進することが知られています。

　ですから、ノンレム睡眠は成長ホルモンに誘導される形で始まります。脳は休息状態ですからエネルギー消費が大きく低下し、その分、筋肉や骨格などではエネルギー消費が高まって自己産生を行っています。つまり、成長ホルモンはノンレム睡眠の誘導という重要な働きもしているのです。

　一方、レム睡眠は急速な眼球運動（Rapid Eye Movement → REM）をともなった睡眠で、それは脳が活発に活動していることを反映したものです。脳波でみても、昼間の活動期にみられる振動数の多い（周波数の高い）脳波があらわれ、脳が活発に活動していることが分かります。そのため、眼球の動きが活発になり、夢を見るのも主にレム睡眠中になります。

　そして、レム睡眠で脳のエネルギー代謝が上がっていることを反映して、体の心拍数や血圧、呼吸数なども上がってきます。

　それではレム睡眠中に神経細胞に何が行われているかというと、レム睡眠が短縮すると、記憶の長期保存が低下することから、レム睡眠中にエネルギーを使って記憶の形成、強化が行われていることが分かります。

　また、レム睡眠中の筋肉では、ブドウ糖の吸収が抑制されてエネルギー代謝が低下し、脱力状態になります。ですから、レム睡眠では脳と筋肉のエネルギー消費状態はノンレム睡眠と逆の状態になっています。つまり、筋肉はエネルギー消費を抑えて、脳の自己産生のためのエネル

ギー消費を助けているのです。

　また、最初のノンレム睡眠には成長ホルモンが分泌されて引金になりましたが、レム睡眠が始まるときは、脳からの刺激で副腎皮質から糖質コルチコイドが分泌されてきます。なお、脳からの分泌刺激は視床下部にある睡眠中枢からだされ、そのすぐ下にある脳下垂体から刺激ホルモンが分泌されて副腎皮質を刺激します。

　糖質コルチコイドは多機能の異化ホルモンですが、睡眠に入ってからは、体内のいろいろな組織のタンパク質を分解し、生じたアミノ酸を肝臓でブドウ糖に新生し、血糖値を上げます。多くの細胞では夜間（異化期）にタンパク質がつくられてきますが、一方では古いタンパク質は分解されて、量的なバランスがとられています。糖質コルチコイドは、その分解反応を促進するのです。

　このように、ノンレムおよびレム睡眠は成長ホルモンと糖質コルチコイドの働きに助けられてたちあがりますが、引き続いておこるリズムでは、これらのホルモンは直接には関与していないと思われます。それは、成長ホルモンはすぐ分泌が低下しますし、糖質コルチコイドの方は睡眠が開ける頃に最高になり、覚醒期の半ばくらいまで分泌が続き、レム―ノンレム睡眠のリズムとは並行しません。

　このように、レム―ノンレム睡眠は、その開始にはエネルギー代謝がリズム形成に関与しているように見えますが、その後の関与は定かではありません。最近の研究では、糖質コルチコイドが神経細胞の記憶の保存に深く関与していること、それに記憶の保存にはアストロサイトでのグリコーゲン分解によって生じた乳酸がエネルギー源として働いていることが言われています。

　アストロサイトの乳酸が大脳辺縁系の神経細胞まで届いているとは考えにくいのですが、固定されるシナプスは大脳皮質にあるのですから、

アストロサイトの乳酸が使われている可能性があります。つまり、記憶の固定には海馬や扁桃核だけでなく大脳皮質のアストロサイトや神経細胞との共同作用で行われていることが考えられます。

　このようにレム─ノンレム睡眠がリズムであるという確証はまだありませんが、その可能性はかなり大きいものと思われます。

　しかし、現在は両睡眠は別個のものであるとする見解が支配的で、神経系でコントロールされているという見方がされています。それによるとレム睡眠時にはコリン作動性神経系が、ノンレム睡眠ではおもにGABA（ギャバ）作動性神経系が働いているということです。

　これらの神経系は、通常の神経細胞のように長い軸索を持って情報をつたえるものではありません。これらの細胞の軸索は短く、近くにある神経系のシナプスに介在して伝達情報を増強したり抑制したりするもので、介在神経（介在ニューロン）と呼ばれています。

　介在神経は全身の神経系に存在し、種類も機能も多種多様ですが、コリン作動性神経は刺激性で、GABA作動性神経系は抑制性の介在神経です。ですから、海馬などではコリン作動性神経は海馬などでの記憶形成を刺激し、GABA作動性神経は抑制するものと考えられます。

　ですから、これらの神経系がレム─ノンレム睡眠リズムを短周期のものに調節しているものと考えられます。

　また現在、専門家の間では、このレム─ノンレムの二つの睡眠は別個のものとして研究されていますが、その研究結果の中にもリズムと考えて良い証拠はいくつかあります。その一つが、二つの睡眠を別々に削って、その機能を特定しようとする実験（レムあるいはノンレム断眠実験）からも示されています。

　このような断眠実験は、脳波計や筋電図などを用いて、その睡眠になったら動物を刺激して眼を覚まさせて行われます。しかし、どんなに

注意しながらレム断眠、あるいはノンレム断眠を行っても、結局は両方が消えた全断眠になってしまうのです。

　つまり、この二つの睡眠相は各々独立したものではなく、連続したリズムなのです。ですから、レム―ノンレム睡眠はエネルギー代謝リズムで、介在神経によって調節されるエネルギー散逸構造である可能性があるのです。そして、リズム中のエネルギーの流れ方から考えれば、エネルギー消費の大きいレム睡眠で長期記憶の形成などの自己産生反応が行われているということになります。

◎グリンパティックシステム

　また、睡眠中には覚醒期間中に神経細胞でできた老廃物の排出も行われます。覚醒中にはミトコンドリアの酸化反応で生ずる活性酸素によってタンパク分子などが酸化されますから、老廃物は多いはずです。それらは細胞外に排出され、それが脳内の細動脈からグリア細胞（アストロサイト）を介してしみ出してきた脳脊髄液によって運ばれ、脳内の細静脈に排出されるのです。

　その老廃物排除システムは「グリンパティックシステム（glymphathic system）」[17] と呼ばれています。これはこのシステムにグリア細胞が中心的な作用をしていることと、その作用が体内のリンパ系の作用に似ているので、その両方をミックスして創られた名前です。

　また、このシステムはノンレム睡眠時に機能することが分かり、ことに最初の深いノンレム睡眠中に強く行われるようです。それもミトコンドリアの活性の強い活動期の大脳皮質での酸化物の発生が多いからではないかと思われます。

　実際に、アルツハイマー型認知症で脳内に蓄積するβアミロイドもこ

のシステムによって脳外に排除されることが分かっています。また、昼の活動期に神経間の刺激伝達でアデノシンが増加し、夜には減少することが知られていますが、これも恐らくグリンパティックシステムによって排除されるものと思われます。そうでないと、夜でも昼と同じくらいのアデノシンが産生されているはずですから、減少する理由が分からなくなります。

◎睡眠負債

　また最近、睡眠時間の短縮が重なることによって体の不調をきたすことが問題になってきて、それは「睡眠負債」と呼ばれて注目されています。睡眠負債の症状はかなり多彩で、寝不足感があるヒトとないヒトがいるようですが、全般に注意力や行動力が低下してきます。しかし、食欲はむしろ亢進し、その結果肥満になりやすく、ついには糖尿病やうつ病など高血糖由来の病気になるヒトもでてくるといわれています。

　このような睡眠負債のおこる原因としては、睡眠不足が重なると睡眠を促す睡眠物質が溜まってくることによって起こると考えられています。それは、睡眠負債をかかえたマウスの脳脊髄液を健康なマウスの脳脊髄に注入すると元気がなくなり眠ってしまうことからも推測されています。

　現在、睡眠負債に関係する睡眠物質の一番の候補は、前述の睡眠期に入ることを促進していることでも知られるアデノシンです。アデノシンはATP（アデノシン-3-リン酸）から三つのリン酸基が切断された分解物です。ATPはシナプスでの神経伝達物質の移行に伴って神経細胞と周囲のグリア細胞から多く分泌され、神経伝達が終わるとすぐ分解されてアデノシンになります。

アデノシンは覚醒中に次第に増加し、睡眠に入ってから減少してきます。ですから、睡眠が短いと蓄積することになり睡眠負債をひきおこす睡眠物質としての性格を持っています。

　しかし、遺伝子操作で神経細胞のアデノシン受容体を除去したマウスでも、睡眠負債がおこることが分かり、アデノシンが直接の要因ではないことが分かってきました。つまり、アデノシン以外に睡眠負債の根本的な原因があるということになります。ではそれは何かということになりますが、アデノシンが関係することから、やはりエネルギー代謝に関係する病的変化ではないかと思われます。

　睡眠時には記憶の整理と長期保存にレム—ノンレム睡眠にともない多くのエネルギーが使われますが、その睡眠リズムの周期は始めから終わりまでおなじではなく、始めのリズムではノンレム睡眠の時間は長く大きいのですが、しだいに小さくなっていきます。一方、レム睡眠は逆に長く深く続くように変わってきます。ですから、睡眠時間が短くなるとレム睡眠の時間がより少なくなることになります。

　レム睡眠では、海馬や大脳皮質の神経細胞が活性化し、記憶の固定が行われます。その反応も新たな研究方法の開発によりかなり詳しく分かってきました。それにより、一つの記憶の固定にも、海馬でも大脳皮質でもかなり多くの神経細胞が関わり、しかも完全な固定は一日二日でできることではなく、かなり長期間かかっていることが分かってきました[*18]。

　それは記憶を整理したり、引き続いて入ってくる関連する記憶の処理に関係して行われるようで、自己の人格の継続性にも関係していると思われます。それによって、いくら古い思い出でも自分と自覚できるのだと思います。

　ですから、睡眠負債が続きレム睡眠が短縮されると記憶の整理が滞り、活性化された神経細胞が海馬や大脳皮質に増えてくることになります。そのため、記憶の固定が滞り、より多くのブドウ糖の供給が要求されて

きます。その要求は、視床下部を経由して副腎皮質へ伝えられ糖質コル
チコイドの分泌を促進することになります。

　糖質コルチコイドは肝臓での糖新生を促進し、末梢組織ではインスリ
ンの作用を抑えて糖の利用をおさえて脳へのブドウ糖の輸送を促進しま
す。しかし、糖質コルチコイドの分泌が促進されすぎると、血糖値の上
昇が必要以上に持続することになり、その結果、肥満や糖尿病などにな
りやすくなると考えられます。

第4章　デフォルトモード回路とこころ回路

◎大脳皮質の機能と DMN

　前章までで、われわれヒトの脳で行われているエネルギー代謝の概要が大体お分かりになったと思います。それでは次に大脳皮質の「デフォルトモードネットワーク（DMN：雑念回路）」と、こころの関係についてもっと詳しく考えてみたいと思います。

　一応、DMN について要約しておきますと、それは大脳新皮質を中心としてひろがっているもので、グリア細胞のアストロサイトと神経細胞のエネルギー代謝のふしぎな連携から生まれているものです。

　また、その機能としては、ヒトが常に環境の情報を収集し、それに対するすばやい対処が要求されるため、神経細胞がすばやく反応できるようエネルギーが常に調達されているからだと考えられます。しかし、DMN がわれわれの「こころの生成」にどのように関係しているかはまだ良く分かっていません。

　大脳皮質には環境からの情報がいわゆる五感（眼の視覚、耳の聴覚、舌の味覚、鼻の嗅覚、皮膚の触覚）の感覚器官を通じて入ってきます。それらは、例えば、聴覚からの神経は側頭葉に、眼からの神経は前頭葉にある中枢にあつまっていますが、それらは一次野と呼ばれます。それらの一次野は互いに連絡を取り合っており、その領域を連合野と呼びます。

　そして、環境から得られた情報は、過去の記憶と照合され、その結果うまれた結論が前頭葉の後部にある運動連合野から全身の運動機能をもつ筋肉に伝えられ、言葉、表情、行動などで表現されることになります。

　これらの経過は大脳皮質に記憶されるべきものですが、そのままではあまりに膨大です。その中から重要な記憶を残すために、毎日のように整理され、海馬や扁桃体へ送られてさらに整理されてふたたび大脳皮質へ送られて、記憶の固定が行われることになります。

　しかし、それらの記憶も一生固定されるわけではなく、あまり使われないものは弱くなったり、消えたりすることになります。このような変化は「シナプスの可塑性」と呼ばれて、脳内では絶えず行われていることになります。

　記憶すべきエピソードの中には何日も続くものがありますし、それに伴って感情の変化もおきてきます。そのために、あるエピソードの記憶がある細胞に入ってもすぐ固定されるわけでなく1〜2週間もの間活性化されていて、そのエピソードの経過をまとめるようにしてから固定されることが分かってきました。ですから、記憶は可塑性ですが、継続性も重要なのです。

　このように、大脳の機能はきわめて複雑で、性質的には自発性、継続性、可塑性があり、機能的には記憶、感情、意志を調整しうみだし、行動に導いていくものです。それには統制のとれたきわめて複雑な「こころ回路」とでも呼びたくなる神経回路があるはずです。その中にDMN神経回路が重要な位置を占めていると思われますが、それだけではないようにも思われます。

　それでこの章では、その「こころ回路」とでもいうものがどのように動いているのか、エネルギー代謝に注目しながら検証してゆきたいと思います。

そこでまず、われわれが「こころ」ということで何を意味しているのかを知っておくことが必要です。それで今もっとも信頼されている辞書の一つと認められている『広辞苑』でひいてみました。すると次のようにありました。

「こころ」とは人間の精神作用のもとになるもの。また、その作用。
1. 知識、感情、意志の総体。用例としては「心の病」
2. 思慮。おもわく。「心を配る」
3. 気持ち。心持ち。「心が変わる」
4. 思いやり。なさけ。「心ない仕打ち」
5. 情趣を解する感性。「心なき身にもあわれは知られけり」
6. 望み。こころざし。「心にまかせぬ」
7. 特別な考え。裏切り、あるいは晴れない心持ち。「心を晴らす」

　その他、比喩的に用いることもあり、例えば風情、事情、趣向、意味、謎解きの根拠、などがあげてありましたが、これらは判断基準から除くことになります。

　これから分かることは、こころとは「1」にあるように、知識、感情、意志からなっているということで、そのうち「2、3」の用例はおもに知識に関係することをさし、「4、5」は感情、「6、7」は意志をさしていることが分かります。

　また、日本でのこころの専門家で著書も多い山鳥重さんの『心は何でできているのか』を読むと、やはりこころの作用は知（知識）、情（感情）、意（意志）であると述べられています。ですから、こころはこの三つの要素が組み合わされたものということは間違いないものと考えられます。

　では、ここで問題にしている大脳皮質にその三つの要素を実行するための機能があるでしょうか。まず、最初の「知識」に関係するのは各感

覚器から送られてくる情報を一時的に記憶する一次野の神経細胞群の機能であると考えられます。

　そして、「感情」に関するのは過去のエピソード記憶にともなう感情の記憶が蓄えられている神経細胞群で、一次野に入ってきた情報を記憶にある情報と照らし合わせ、同じかそれに近いエピソード記憶をさがし出して、それにともなう感情が生みだされてくることになります。

　最後の「意志」は、その新たに生み出された感情から考えた結果を、自分の意志として言葉や行動であらわすことになります。その意志決定の過程に関係している部位はおもに前頭葉の運動領野ということになります。

　なお、運動領野からの情報は全部かどうか分かりませんが、小脳におくられ、行動する複数の筋肉の動きのスムーズさやバランス（協同性）などが検討、調節され、ふたたび大脳の運動領野に返されるということです。

　このように、大脳皮質にはこころ回路といえるような神経回路がある可能性が大きくなります。この中に含まれるはずの「デフォルトモードネットワーク（DMN）」は雑念回路とも訳されたようにその機能はよく分からないものでした。それが、最近ではそのネットワークが脳内のいろいろな情報を取り入れて処理していることが分かってきて、DMNが「こころ」に通じるものではないかと見られるようになってきています。

　また、脳内に活動の活発な領域があることは1970年代頃からいわれており、その機能について自発的な精神作用が行われている可能性があると考えられ、「マインドワンダリング」と呼ばれていました。マインドワンダリングを直訳すれば、こころの瞑想ということですが、それがいま、DMNと関係して「こころ」を形成しているのではないかと考えられてきているのです。

しかし、なぜそのようなネットワークが無意識の中で自発的に生ずる
のか、その科学的根拠は分かっていませんから、未だ結論はだせてい
ません。それにはエネルギー代謝にかぎがあると私は思っていますが、
しっかりと確認する必要があります。

◎こころは、ほ乳類すべてにあるのか

　こころは人間に特有なものと思われている方が多いと思いますが、人
間以外のほ乳類にはないのでしょうか。もしこころがDMNを含む大脳
新皮質から生まれるとすると、ほ乳類全種にあることになりますが、私
はそれは間違いないと確信しています。

　それは、我が家でかっている犬と猫の行動を見ていると分かるのです。
もちろん、かれらに大脳新皮質はあっても言語中枢はありませんし、発
達も遅れていますからヒトのものとは比較になりません。しかし、ほと
んどいつでもといって良いほど「こころ」を感じることがあります。

　うちの犬はメスの柴犬で、もう数年前に亡くなりましたがマイという
名前でした。そして、ネコのチロはマイが10歳の頃、外にいた妻に泣
きついてきたメスの野良猫で、彼女がかわいそうに思ってつれてきたも
のです。われわれは二匹がどんなけんかを始めるだろうと心配しながら
顔合わせさせたのですが、そのようなことはなく、どちらも始めから気
に入ったようで安心しました。

　ネコのチロは先輩のマイを慕っているようなところがあり、マイの散
歩にもついてきておしっこに土をかけてやったり、飛びついてじゃれた
りしていました。二匹の間の愛情をつよく感じたのは、犬のマイが年を
取って弱ってきたときです。マイが力なくソファーに寝そべっていた時、
チロが近寄っていき、マイの体をなめ回し、そのあと二匹は体をくっつ

け合って眠っていました。

　また、顔に表情を感じることもあります。ある日、妻は出かけており、私も遅くなって家に帰ったことがありました。いつもは二匹とも玄関に出てきてじゃれついてくれるのですが、その日は二匹とも出てきません。ふしぎに思って部屋に入っていくと犬のマイが６畳間の前にいて、前脚をふんばったまま顔をあげ、眼を一点に集中して見るからに緊張しているのです。

　私はすぐ６畳間に何かあると感じて入っていくと、窓際に水がまかれたように広がっているのです。まぎれもなく犬のおしっこで、外に出れなかったために漏らしてしまったのです。私はあわてて古新聞などに吸収してなんとか跡形なく始末することが出来ました。そして６畳間を出てマイを見てみると、床に腹這いになってあごを床につけ、眼をきょときょとさせながら私を伺っていました。私には、マイがほっとして、私に感謝しているように見えました。

　また、チロは妻に抱かれる時は心地良さそうにじっとしているのですが、私が抱くとすぐ逃げ出すのです。チロは男が苦手だと思っていたのですが、数年後にその本当の理由が分かりました。チロが野良猫時代にエサをもらっていた人が別の野良猫にエサ（カリカリ）をやった後、抱き上げてお尻をぽんぽん叩いていたのです。ですから、チロも成長期に同じような経験をして、それがこころの傷として残っていたのです。でも、最近はその傷もずいぶん直ってきています。

　最後に少し信じがたいような話をしましょう。それはマイが子供を産み、そのうちの一匹が山梨から神戸へもらわれていきました。そして、２、３年後、私は神戸に学会があったとき、そのコウタ（甲太）に会いにいったのです。コウタは私を見るととても喜んで、家中駆けまわり、失禁までしてしまいました。そして、散歩などして２、３時間して帰るとき、急にコウタが私の左足にからみつき、体をこすりつけてくるので

す。私はこんなに別れを惜しんでくれるのだと感激してしまいました。

　そして、山梨の家に帰ると今度は母のマイが喜んで私に飛びついてきたのですが、急に驚いたように私のズボンの左足に鼻をつけてかぎ出したのです。そして、急におとなしくなり、自分の小屋に戻るとジーッと眼をすえて考え込むようになりました。コウタの臭いを感じ取ったのです。

　私は、始めこそ偶然のできごとと思っていましたが、次第に、コウタは私がマイのところに戻ることを意識して、自分の体臭をメッセージとして付けたのだと確信するようになりました。犬のこころでもそのくらいの意識はできるのです。

◎進化したヒトのこころにある新機能

　これらの動物に比べると、ヒトの場合は複雑で、こころに背いて行動することがままあります。つまり、こころからはこうすべきだという声が聞こえてもそれに逆らった行動や発言をすることがあります。われわれはそのような行動を「嘘をつく」といいます。

　ヒトでもこころが働いてしかるべき行動を指示してくるのですが、意識的に考えた結果、それとは異なる結論が得られる場合があります。嘘をつくことは悪いことですが、過去の経験や感情にそぐわない形で解決できることも多いのが人間社会です。ヒトはそこまで進化しているということでしょうか。

　嘘をついたことはないというヒトはいないと思います。私にもその経験は沢山ありますがあまり面白いものはありません。ですから、文学的に優れている実例として芥川龍之介の短編「手巾」のなかの例をひいておきましょう。

　小説では主人公の大学教授がある劇作家の本を読んでいると、彼の教え子のお母さんがやってくるところから始まります。そのお母さんは教授にお世話になっていた息子が7日前に病死したということを伝えにきたのです。彼女は何の動揺もみせずに笑みさえ浮かべて、しっかりと話されるのです。それを見た教授は彼女に凛々しさを感じてしまうのです。

　しかし、彼が何気なくテーブルの下をのぞくと、彼女の膝におかれた手がひどく震え、握っていたハンカチ（手巾）が強くよじられているのが見えたのです。お母さんの心の中は悲しい思いでいっぱいだったのですが、必死にこらえていたのです。教授はお母さんの態度に日本の武士道的な凛々しさを見て感動します。

　このようにだれでも嘘をついたときにはそれを自覚し、それがストレスとなり手の震え、動悸、息苦しさなどを感じることがあります。このことから、こころ自体はわれわれの無意識下で生まれてくるのですが、それを言葉や行動としてあらわす時は意識下で行われるということが分かります。そういうことは犬や猫はやっていないように見えますから、これも大脳新皮質が進化した結果なのかもしれません。

　ただ、ここでいう無意識の意味は、怪我や病気で脳の機能が止まってしまうような状態をいうのではありませんから注意して下さい。ここでは、外界からの刺激的な情報がなくてぼんやりしている状態を無意識、何かに集中して反応しようとしている状態を意識的といっています。その混乱を避けるために専門家の中では無意識ではなく「潜在意識」と呼ぶ方もおられます。

　ですから、こころの知情意の反応がすべて無意識的に行われるわけではなく、意識的に行われることもあるということになります。そうすると、意識的反応はDMNから独立した反応で、こころには二つの反応系が平行してある可能性が考えられます。

　しかし、意識的にこころに嘘をついた時でも、それに消費するエネ

ルギーは非常に少ない（大きくても DMN の 10 分の 1 ぐらい）のです。ですから、意識反応は基本的には DMN の機構に絡んで行われるのではないかと考えられます。では知情意のどの段階かということになりますが、それを小説「手巾」の中に探してみることにしましょう。

　「手巾」では、女性のこころでは娘の死という記憶がよみがえり（知）、その時の悲しい気持ちが思い出されています。ですから、こころは悲しみの表情を表し（情）、その気持ちを話すようにという意志を示しているはずです（意）。しかし、本人はその意志を意識的に抑えて対応していることになります。その結果、言葉や表情は意識的に変更したままにあらわれているのですが、抑えられたこころの意志は、手の震えとして表れていることになります。

　つまり、嘘をつくときでもこころ回路は正常に働いているのです。それを意識的に認めた後で、意識的に言葉や表情で隠していることになります。確かに、DMN は無意識のうちに働いているのですが、言葉や表情それに行動は筋肉の動きによって表されるものです。

　しかし、こころの過程である知情意のうちどこも自覚できないとは考えられません。まず、知覚領域から入ってくる情報は、全部ではないにしろ大事なところは自覚できますから、「知」の過程の始めのところは自覚できます。しかし、その情報をいったん記憶して、それに対応する記憶を探し出すということは時間を取りますし、記憶の全部を思い出すということはできません。

　そして、それに伴う感情を認識するという「情」の過程は全くと言っていいほど意識的には出来ないものです。もし、意識的にやろうとすると、それと似た記憶を見つけ出すのが大変で、まったく違った感情をだしてしまう危険が大きくなります。DMN であれば、どのくらいの精度で行われるかは分かりませんが、ほとんど瞬時に行うことが出来ます。

　最後の「意」の過程は、こころ過程が出した結論である行動の内容は

自覚できるはずです。そうでなければ、うその行動をすることができません。こう考えてくると、やはりこころ回路の大部分は意識的には捉えられないところが多いように考えられます。

　それでは、こころ回路の結論である意志を表すのが意識的に行われるのは、それを現すためにつかう言葉や行動が筋肉でそれが意識的にしか動かせないからでしょうか。

　確かに筋肉には、意識的には動かせない不随意筋もありますが、大部分は意識的に動かせる随意筋です。筋肉は解剖学的には大きく分けて横紋筋と平滑筋に分けられ、横紋筋が随意筋で平滑筋が不随意筋に属します。

　「手巾」にでてくるお母さんの場合のように、顔の表情や言語に関係する筋肉は、骨格筋とは少し違いますが横紋筋に属するもので意識的にコントロールできるものです。また、お母さんは手が震えていましたが、これは横紋筋である骨格筋の震えになります。実は、骨格筋は随意筋であっても意識的にはコントロール出来ない自律神経のコントロールも受けているのです。

　自律神経は交感神経と副交感神経とからできていますが、交感神経は臓器に対して刺激的に、副交感神経は抑制的（安静的）に働きます。また、自律神経の中枢は、大脳辺縁系の近くにある視床下部にあり、海馬や扁桃核などからの情報を受けて反応します。ですから、自律神経は意識的には調節できない神経系になります。

　小説でのお母さんの場合は、こころの意志を抑えて意識的にそれに反する話をしていますから、こころは不安定になっていて緊張し、自律神経が興奮し骨格筋が不随意に震えてしまったのです。この震え効果は、随意筋である声や表情の筋肉が自律神経で刺激された時にみられます。このように、とっさに嘘をついたときに、声の調子や表情に何か不自然

なものを感じたり、手の震えを感じたりすることはだれでもあることです。

　また、自律神経は脳から末梢の臓器組織へ遠心的につたわるものですが、その結果、臓器組織になにかの反応や障害が起きた場合は、その情報が脳へ伝わることになります。その末梢から脳に伝える求心的な神経は内臓自律神経と呼ばれ、自律神経に沿うかたちで大脳につながっています。

　その内臓自律神経の情報は大脳皮質に入り、DMN に取り込まれるのです。そのため、その情報はこころ回路に入って処理されることになり、われわれはそれらをこころの情報と考えるものと思われます。

　むかしから、心臓、皮膚、お腹（腸管）などにこころがあると思われているのもその自律神経系の働きのせいかも知れません。心臓は名前のとおり、こころの臓器と考えられていますし、腸管は第二のこころと言われています。また、皮膚は子供時代にこころのあるところだと言われています。

　心筋は横紋筋ですが不随意筋で、エネルギー代謝がミトコンドリア系に頼っている赤筋だけでできています。そのため常にエネルギー代謝は盛んで、この点で大脳皮質の DMN 系とよく似ています。また、心臓が常に動いているのは、常に体内の全ての細胞に酸素やエネルギーを届けて、外界の変化にいつでも活動できるようにしてから、DMN と一体になっている臓器と言えます。

　また、腸管は自律神経系が一番多い内臓で、腸内には食物や腸内細菌が常に活躍しています。ですから、それらがもつ外界からの情報や腸内での出来事には敏感に反応して脳に伝える必要があります。

　同じように、皮膚も外界と直接接触して情報をうけている臓器で、ことに大脳が十分に発達していない子供時代では重要な情報源になっているはずです。それに、子供時代は皮膚の占める面積も相対的に大きく、

温度も高く敏感ですから自律神経系も敏感に働いていると思われます。

　ですから、こころ回線は大脳皮質が中心であることは間違いありませんが、海馬や扁桃体など脳内の種々の神経核はもちろん、心臓などの全身の内臓も関係する全身にわたって形成されているものなのです。

◎こころの階層性

　以上のように、こころの働きを大体説明できたかと思ったのですが、何か腑に落ちない気持ちがありました。これではこころ回路がうんだ意志を意識的に変えたときは、こころとは言えないものになるよう思われてしまいます。

　そこでまた芥川の「手巾」にもどってみますと、主人公の教授は、婦人のこころは悲しみに満ちていても、その態度は日本の武士道精神に通じるものと認めていました。しかし、その時、教授はスウェーデンの有名な劇作家の本を読んでいたのですが、そこには「顔は微笑しながら、手ではハンカチを二つに裂くような二重の演技は、臭い演出でしかない」と書いてあったのです。つまり、それではこころを現せてはいないというのです。

　教授は、スウェーデンに留学していた頃に国王が亡くなられた時のことを思い出しました。彼は何とも思わなかったのですが、宿の子供たちが大声で泣いて彼に抱きついてきたのでおおいに驚いたことがあったのです。それは、自分が憧れる日本の武士道精神から生まれるこころとまったく異なり、悲しみが直接表れたものでしかありません。そのどちらが人間らしいものなのか、教授のこころは乱れることになります。

　もし、訪ねてきたお母さんが、悲しみのこころを表に出して、泣きわめかれたなら教授も戸惑い、慰めることで心を痛めることになります。

一方のお母さんもお礼の気持ちを伝えたくて気負いすぎてしまい、息子の死を悲しむ自分のこころを教授に伝えられませんでした。相手を思って気負うことは悪いことではありませんが、行き過ぎるとこころの意志を無視することになり、結局うそをつくことになります。

　こんなことまで考えて、こころはDMNからつくられるとは言いづらく、こころ回路をどう捉えていいのか考え悩んでいました。そういう時、まったく偶然にそれを解くような機会があったのです。

　私と妻は30年ほど前に山梨に移転し、死んだときは実家と同じ浄土真宗のお寺にお世話になることになっています。そのお寺には年に一回年末に檀家の集会があり、二人が交替で出席していました。今年は妻の番だったのですが、何故か私にしつこく出るようにいうので、二人でお邪魔することにしました。

　読経が済んで、ご住職の講話が始まりました。そのテーマがまさに意識とこころの問題だったのです。それは基本的には作家の村上春樹さんのインタビュー記事に基づいたもので、こころには階層性があるというお話でした。講話は興味深く、こころをどうとらえればいいのかよく分かるものでした。

　それで、家に帰ってからインターネット情報や関係する書籍を買って調べると色々なことが分かりました。こころに階層性があるということは百年以上も前から心理学者のフロイトやユングらによって提唱され、日本では河合隼雄や村上春樹らによって広められていたのです。

　こころに階層性が出来る理由は、もともとそれが無意識（潜在意識）と意識にまたがって出来るものだからです（図7）。

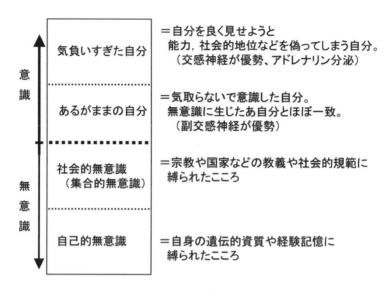

図7　こころの階層性

　無意識の領域ではこころは大きく分けて、「社会的（あるいは集合的）無意識」と「個人的無意識」と呼ばれるものがあるということです。

　社会的無意識は、例えば、宗教や国家などの社会的な規制にしたがってうまれ、個人的無意識は自分自身の経験や遺伝的な要因でうまれるもので、これらがこころの基本的な部分になるということです。

　また、社会的無意識と個人的無意識のどちらが無意識のより深いところにあるかは、研究者によって変わるようです。それらの中の事柄によって無意識の深さが変わってくるからだと思われます。

　そして、その無意識の領域で作られたこころは意識の領域に引き渡され、自分の意志でそれを確認して、必要ならば修飾されて現れることになります。無意識領域で作られたこころがほぼそのまま現れる場合は、「あるがままの自分」のこころが表れることになります。

　一方、時によっては小説「手巾」にあったように、自分を良く見せた

いと思う気持ちが強いと、「気負いすぎた自分」のこころが現れることになり、自分の人格、能力、社会的地位などを高く見せたりする表現をすることになります。結局、自分のこころに嘘をつくことになるのです。

　ですから、DMNのこころ回路で作られたこころは無意識の領域でつくられたもので、それが本人の基本的なこころになります。しかし、意識領域で修飾されて本人の意志として表現されると、相手にはそれが本人のこころとして受けとられることになります。

　ですから、こころは立場によって、その内容が違う場合があるのです。小説「手巾」の場合は、偶然、教授がお母さんの手の震えを見ているので、その違いが分かったわけですが、普通はその違いに気づかない場合が多くなります。

　それはそれで仕方のないことですが、自分の真のこころを伝えるには、先ずは息子の死を悲しんでいる「あるがままの自分」を相手に伝え、次に意識的になって生まれた教授への感謝の気持ちを伝えることではないでしょうか。そうすれば、自分も苦しまず、教授も考え込むこともなかったと思われます。

　しかし、お母さんにとって息子の死は、それができないほど強かったということになります。

　それでは意識がどのようにして生まれてくるのかという問題ですが、意識が脳の中で生まれることは認められていても、そこでどのようにして生まれるかはまだ分かっていません。ただ、意識を生み出す特別な神経核は認められないことから、意識は脳全体にわたる神経回路の協同作用によって生じてくるものと考えられます。

　そう考えると、脳の一番の特徴は非常に複雑でコンパクトなエネルギー散逸構造で、複雑系の最も進化した構造であることに思い当たります。その複雑系の大きな特徴の一つが自己組織化能力です。複雑系は強

いエネルギーの流れにのって活性化されると、あらたに一段上の構造や機能を生み出すことができるのです。

　自己組織化の例としては普通、雪の結晶、動物の皮膚や羽の模様、化学のBZ反応などがあげられますが、これらはパターン変化なので眼で見て解りやすいからです。しかし、自己組織化は生物の機能的な進化にも重要な働きをしてきたもので、ヒトの脳はそうして生まれた最も進化した複雑系といえます。脳ではコンパクトな頭蓋内に千数百億個の神経細胞が複雑な回路を作り、多くのエネルギーを使って常にこころの生成が行われています。

　そして、そのこころの形成過程で何か強い情意が生ずると、その気負いに反応して強いエネルギーの散逸がおこります。すると、神経回路に新たな段階の回路が自己組織化され、「意識」が生み出されてくると考えられます。そして、新たに生じた意識回路で新たな感情や意志が生き生きした質感（クオリア）をもってうまれてくるものと考えられます。

　ヒトの脳は大きな大脳皮質に立派な前頭葉があり、こころをまとめる働きをしていますから、そこを中心に高い意識を持つことができるのだと思われます。ただ、気負いが強すぎると意識も強くなり、こころが生み出した感情や意志をかけ離れたものに変えてしまうことになります。

　それでは、意識はヒトの脳に特有なものでしょうか。脳科学者の間ではそう考えるヒトが多いということですが、私にはそうは思えません。第2章で書きましたように犬、ネコなどの行動を見ていると、ちゃんとヒトのこころの動きを意識して気に入られるように行動するところが見られますから、ある程度進化した動物であればヒトよりもずっと弱いものでも意識を持って行動しているのではないかと思っています。

　とはいっても、私も確信があるわけではありません。これらのことは脳が複雑系散逸構造であることから意識的に考えられることですが、ヒトの行う研究などによって証明されるというものではありません。それ

が複雑系なのです。

　なお、ご住職の講話では、宗教の多くは無意識の領域に強い痕跡（固定記憶）を作っており、なかなか本人の意識は入りづらいということです。そういわれると、ユダヤ教、キリスト教、イスラム教は旧約聖書の神を信ずることでは共通なはずですが、よく武力衝突をおこすことが報じられています。それは宗教の教義が無意識的に強く働くために「あるがままの自分」をこえて「気負いすぎた自分」になり攻撃的になるからではないでしょうか。

　もし、お互い同じ神を信じる人間同士、争って傷つけ合ってはいけないと意識すれば、争いにはならないはずです。これらの宗教では子供の頃から教会へ行って教義を叩き込まれますから、教義の少しの違いで排他的になりうるのだと思われます。

　その点、仏教、ことに浄土真宗ではあまり教義を植え付けられることはなく、本人の意識が尊重されます。それは浄土真宗の開祖である親鸞上人の教えの中に「平生業成（へいぜいごうじょう）」という重要な教えがあるからです。

　平生業成とは、人生には多くの苦しみ（生苦、労苦、病苦、死苦）がありますが、それらに惑わされずに生きることによって最高の幸せ「絶対幸福」を得ることができ、生きている間に「往生」出来るという教えです。もし、他人との比較や争いで幸せを感じても、それは相対的な幸せ「相対幸福」でしかないのです。

　そして、平生業成が真実であることは阿弥陀如来が保証されていることで、彼（つまり他力）を信じて自分なりに生きなさいというのが浄土真宗の最高の教えである「他力本願」になります。つまり、念仏を唱えて生きていけば、死後に極楽にゆけるというようなことではないのです。

　そして、苦しみの根本にあるものが死ぬことの恐れと、死後どうなる

のか分からない苦しみで、それは「無明の闇（むみょうのやみ）」と呼ばれています。そこからくる苦しみが人々を不安にし、争いをひき起こす原因になっていくと考えられています。

　私は前著を書く時、われわれはなぜ死ぬのかについてエネルギー代謝の見地から調べていました。そして分かってきたのは、生命は散逸構造理論、エントロピーの法則、自己産生などの理論にしたがって、エネルギー代謝で支えられていますが、それらの理論が成立する条件をもつ環境（星）はこの広い宇宙空間でも極限られています。

　その中でも地球は人間のような極めて進化した生物を生む条件を持っている非常に貴重な星なのです。そのような星で生まれたわれわれは非常に幸運な存在だと言わざるを得ません。

　そう考えると、われわれはこのような命をもらって生きていることに深く感謝しなければなりません。そして、命に限りがあることは、命を支えているエネルギー代謝にも避けられない欠点、つまり、強い酸化還元反応に頼らざるを得ないため、それによって生ずる活性酸素が遺伝子やタンパク質などを損傷するため寿命に限界があるのです。そのため、生まれた時に遺伝情報のなかに、死が必然的に課せられているのです。

　そして意外だったのは、その遺伝情報の中にわれわれを長寿にするとして知られている長寿遺伝子が働いていることでした。長寿遺伝子はわれわれが若い頃は、NAD助酵素と協調しながらエネルギー代謝リズムが順調に進むように働きます。しかし、老化期に入って生命力が低下しNADHが過剰になってくると、長寿遺伝子は死を早めるように機能してくるのです。

　ですから、われわれの死は、できるだけ長生きできるようになってはいますが、生まれたときから予定されたものなのです。

　しかし、このように恵まれた自然の力に感謝して生きるべきなのです。野原に咲く花や小川に泳ぎ回るメダカなどを見ると、自分のために精一

杯生きている姿に愛おしさを感じてしまいます。が、われわれの命も同じように愛おしいものなのです。われわれもこの世に生を受けたことに感謝し、あるがままの自分を生かして、限られた寿命の間に充分やるだけのことをやって生きていくべきなのです。全てのヒトがお互いにそう考えれば、争って殺し合うような気にはなれないはずです。

しかし、そうは言っても、国家のような複雑な社会レベルでは、全てのヒトがそのようなこころを持てるとはとても考えられません。それは仏教が主たる宗教として持つ日本でも第二次世界大戦の開戦国になりましたし、宗派の多くが戦争に協力的だったことでも分かります。

ですから、各個人ができるだけ「あるがままの自分」を守れるように努力するほかないのです。しかし、それを難しくしているのが、人間社会でのストレスの多さです。ストレスに負けて、とても「あるがままの自分」など出せないことが多くなるのです。

◎こころ回路の障害

われわれの脳、ことに新皮質は幼少期に発達しますが、そのあいだに何らかの障害がおこると、こころの働きに大きな障害が生じる可能性があります。その一番の例が発達障害者に見られるこころの異常でしょう。

脳の発達は母親のお腹で終わるわけではなく、生後10年以上かけて徐々に行われていきます。脳は4つの分野（葉）に分けられていますが、発達には大凡の順序があります。それは早いほうから後頭葉、側頭葉、頭頂葉で、最後が前頭葉の順になります。つまり、機能的に基礎的なものから複雑なものへ、機能的に積み重ねるように進むことになります。

機能的には、後頭葉、側頭葉は視覚や聴覚からの情報をまとめ、頭頂葉でそれらの情報をまとめ、そのなかの大切な情報を処理、分析します。

そして前頭葉ではそれらの情報をさらにまとめて、自分の意志や行動を決め、感情のコントロールを決定します。

　ですから、前頭葉は一番大きく大脳の30%位を占め、機能的にも一番高度なところですから発達異常が出やすく、ストレスや老化でも異常が出やすいところになります。

　発達障害にも色々ありますが、主なものは注意欠如多動性障害（ADHD）、自閉症スペクトラム（ASD）、学習障害（LD）などになります。

　注意欠如多動性障害（ADHD）での注意欠如はヒトの言っていることをしっかり聞いたり、言われた意味を理解することが出来ないという特徴があります。そのために行動に抑制がききにくくなると思われます。つまり、こころ回路での最初の段階「知」に主な障害があり、続く「情、意（行動）」が乱れるのです。大脳では、後頭葉、側頭葉、頭頂葉あたりになり、その部位によって症状は少しずつ違ってくることになります。

　そして自閉症スペクトラム（ASD）ではヒトの言うことは分かってもそれを正しく理解して反応することが出来なくて自閉的になります。ですからASDは「情、意」の障害で、大脳では頭頂葉、前頭葉に障害があると思われます。こちらも自閉症的な症状が中心になり、ADHDとの鑑別診断が難しい場合もあるようです。

　また、学習障害（LD）では見る、聞く、話す、計算するなどの行為のどこかに支障が生じて、学習に支障をきたしたり、自分の考えを正確に伝えることができなかったりします。時には読めるのに書き取ることが出来ないというような、二つの機能をうまくつなげられないものもあります。ですからLDの障害は情報の取得や利用に関係する分野どうしの連合に障害があると思われます。

　ですから、LDの障害は比較的狭い領域の障害になり、その障害を自

分でも自覚し、いらいらして精神的に切れやすいことが多いようです。しかし、その障害も成長につれて新たな神経回路で修正されたり、精神的にも適応するようになり、だんだん切れにくくなるようです。従って、ケースによっては正しい指導によって改善するといわれています。

　また、自閉症（ASD）のなかにはアスペルガー症候群と呼ばれる一群のヒトたちがいます。ヒトとのコミュニケーションに問題があって自閉的なのですが、普通のヒトには考えられない、まねできないような発想や行動をしてみせるヒトがおり、高機能自閉症と呼ばれることもあります。

　アスペルガー症候群のヒトでは、こころ回路に何か障害があるのは確かですが、むしろそのために発想がより自由になり、変人と言われながらも能力があれば普通では考えられないようなことができるのです。ですから、いろいろな新発見をした有名人や面白いことをする芸能人がいろいろと知られています。有名人のなかにはニュートンや発明王エジソンやマイクロソフトの創始者であるビル・ゲイツ氏などがよくあげられています。

　それと、普通は発達障害には入れられていませんが、やはりこころの異常を示すものにサイコパスという性格異常があります。多くの発達障害者は性格的には自閉的なのですが、サイコパスでは反社会的な思考、行動が顕著になります。

　サイコパスは暴力的だと言われていますが、必ずしもそうではないようです。しかし、あることに思考が集中していってしだいに暴力的になることがあるようです。これは無意識領域にある社会的要因が異常に強くなり、こころ形成に大きく影響してくるからと考えられます。

　以前、障害者施設で働いていながら、しだいに彼らを社会的に有害で無用なものときめつけるようになり、多数の者を殺害した例がありまし

た。そのヒトはその考えが間違っているといくら言われても全然認めなかったということです。

　そして、大事なのはサイコパスの多くのヒトには幼少時に脅迫的な出来事の記憶があるということです。そのような記憶によって発達障害が起こってサイコパスを生ずるということが考えられています。ですから、その記憶を見いだして指導すれば次第に回復する可能性があります。

　また、逆に飛び抜けた記憶力を持ち、忘れることができなくて苦しむ障害者は「サヴァン症候群」と呼ばれます。何千冊もの本の内容を暗記したり、風景写真の細かいところまで正確に記憶するというようなヒトがいます。そのようなヒトの脳では、こころ回路が記憶のところで止まってしまうため、知性的、理性的には非常に歪んだ、固い性格になってしまいます。おそらく、記憶が直接固定記憶になってしまい、こころ回路が最初の段階で止まって、こころがうごかないと思われます。

　では、これらの障害者のデフォールトモードネットワーク（DMN）に障害が認められるのかどうかが問題ですが、現在盛んに研究が行われており、異常が認められるという結果が増えているようです[19]。例えば、ASDではDMNの主要な機能を持つ五カ所の大脳皮質の領野のうちの二つに結合強度の低下が見られたということです。また、ADHDではもっと多くの研究がされているようですが、異常はいろいろでまだ確定はしていないようです。

　いずれにしても、これらの発達障害者の症状は複雑で、同じヒトでも鑑定者によっては別の障害と認められることも良くあるようです。それだけヒトの脳は複雑に出来ており、また障害も兄弟、家族にみられて遺伝性と考えられるものもあり、脳発達期の幼少時に原因となったと思われる経験が明らかに分かることもあるようです。これからの研究に待つところが大きいと考えられます。

◎ストレスとこころの変化

　それでは正常人ではこころの障害が見られないかと言うと、そんなことはまったくありません。社会生活にはいろいろな問題があり、それがいわゆる「ストレス」となってこころを揺さぶることになるのです。

　このストレスという言葉はわれわれが日常的に使っているものですが、『広辞苑』によると、次のように書かれています。

　［ストレス］：種々の外部刺激が負担として働くとき、心身に生ずる機
　　能変化のこと。

　ストレスの原因となる要素（ストレッサー）には、

　　寒暑、騒音、化学物質など物理化学的なもの。

　　飢餓、感染、過労、睡眠不安など生物学的なもの。

　　精神緊張、不安、恐怖、興奮など社会的なものなど

　　多様である。

とあり、その内容はまさに多彩です。ですから、一口にストレスと言っても軽いものから、重いものまで多種多様で、こころにどのような影響を与えるかといっても一様には言えないことになります。その中でも重いものの部類に入るストレスは、やはり死に関係するものと思われます。つまり、死に繋がるかもしれない自分の病気、あるいは愛するヒトの病気や死そのものです。そして、生命や生活の維持を危うくするような社会的、物理化学的な原因が挙げられます。

　それでは、ストレスの強さでわれわれのこころにどのような影響が現れうるのかを、ストレスの強さを三段階に分けて考えてみましょう。

　まず、日常的にであう軽いストレスの場合は、こころにある程度の影響は与えて、意識的に気負うことになっても「あるがままの自分」に留まることができると思われます。

　ところが、それより強いストレスになってくると、「気負い過ぎた自分」がでてしまいます。前述の小説「手巾」のお母さんの場合は、息子の死という非常に強いストレスを受けた後でしたから、自分でその影響をできるだけ抑えてなんとか「気負い過ぎた自分」になっても、自分なりのこころを示すことができた例だと思います。このレベルで収まった理由としては、息子の病気が数年間の慢性的に経過したことがあげられます。その間にこころの準備ができていたのです。

　そして、もっと強いストレスによる場合は、自分のこころを見失って「ストレス障害」という病気になるものです。その原因としては繰り返しおこる仕事の失敗のように、同じストレスが続いたためにおこる「慢性ストレス障害」になります。

　ですが、現在それよりも多くて問題にされているのが、急性で強いストレスでおこる「心的障害後ストレス障害（PTSD）」といわれるものです。ただ、症状があらわれて一カ月以内の場合は「急性ストレス障害」といわれます。

　PTSDの原因となるのは、犯罪、脅迫、事故、天災、戦闘などによって急性の心的衝撃をうけたことによります。症状としては、不眠、不安などのうつ症状があり、ストレスの原因となった障害、ヒト、環境などに類似した事物に対して恐怖感をもち、それらを回避しようとする行動がみられます。また、酷い時には障害を受けたときのことを思い出すだけでパニックを起こすこともあります。また、同じような症状は子供時代に受ける虐待によってもみられることが分かり注目されています。

　このようにPTSDなどの強い心的障害では、衝撃を受けたときの記憶とその時の感情が脅迫的に思い出され、それが将来への不安となって襲ってくることになります。そのため現在の自分を見失ってしまい、自閉的になったりうつ状態になったりしてしまうのです。

　そのため脳内では、記憶や感情の中枢である海馬や扁桃体に異常がみ

られ、海馬はやせる一方、扁桃体の方は肥大してくるのです。つまり、恐怖などの感情の中枢である扁桃体が独走しはじめ、それ以外の記憶がうすくなってくるのです。

また、大脳皮質のDMNも活発になるためエネルギー消費が上がります。扁桃体と協同して将来の不安などの雑念が生まれてくるからだと考えられます。同じような状態はうつ病でもみられるということで、脳の活動は休止状態ではなく、空回りしてエネルギーを使っている状態が続いていることになります。

また、PTSDではアドレナリン分泌や交感神経の興奮が促進されますが、ストレスホルモンとも呼ばれている糖質コルチコイドの分泌が高く維持されています。扁桃体からの刺激が視床下部→脳下垂体→副腎皮質と伝わり糖質コルチコイドが分泌されてくるのです。

糖質コルチコイドは脂肪やアミノ酸からのブドウ糖生成を高め、血糖として脳に送り込む働きをします。PTSDの脳では大脳皮質や扁桃体や視床下部などのエネルギー代謝が高くなっていますから糖質コルチコイドの分泌が要求されてくるのです。ですから、糖質コルチコイドそのものがストレスを誘導しているわけではありません。

この状態が続くと、ある神経回路が興奮していたずらにエネルギー消費が増えている、いわゆる脳疲労の状態になります。これは、肩こりや腰痛などの筋肉疲労の状態とおなじようなもので、筋肉では自律神経が持続的に興奮して筋肉の緊張をつづけるためにおこります。

このように、ストレスが持続することにより、糖質コルチコイドの分泌が増強され、脳内のブドウ糖濃度が高くなり、その結果、高ブドウ糖によって神経細胞のエネルギー代謝が障害され、そのヒトはうつ状態になり、その状態が持続すれば、うつ病になってくるものと考えられます。実際、うつ病のヒトでは、糖質コルチコイドの分泌が上がったことを反

映してレム睡眠が早く始まるようになり、その深さも長さも増しています。

　そして、脳内のブドウ糖だけでなく、アストロサイト（星状グリア細胞）から供給される乳酸の脳内濃度も高くなることが明らかになってきました。つまり、ストレス性高血糖によって脳内が高ブドウ糖になり、神経細胞の好気的エネルギー代謝リズムがくずれ、好気的解糖かそれに近い状態になるのです。

　動物実験からも、睡眠を妨害するようなストレスを加えると脳内のブドウ糖濃度が上がり、うつ状態になり、神経細胞にミトコンドリアの機能低下が現れることが分かっています。そして、うつ状態になったマウスの脳内で、最も障害を受けるのが脳幹部にある海馬と呼ばれる領域の神経細胞であることも分かっています。

　海馬は新しい記憶を一時的に蓄え、そのあと大脳の神経細胞に働いて記憶の長期保存を促進する領域として知られています。海馬やその周辺からは、脳由来神経栄養因子（BDNF）と呼ばれる脳内ホルモンが分泌され、レム睡眠期に神経細胞のミトコンドリアを活性化して、記憶の長期保存を促進しています。

　また、海馬は糖質コルチコイドの分泌を抑制する機構を持っていますが、この抑制機能は、脳内の高ブドウ糖状態が続くと低下してしまうのです。それは、海馬の神経細胞は高ブドウ糖に弱く、ミトコンドリアの機能不全から細胞がこわれて、海馬自体が萎縮してしまうからです[18]。

　その結果、脳内には高ブドウ糖状態が続き、うつ病から回復することが難しくなります。また、うつ病における海馬のミトコンドリアの機能低下や萎縮は、動物実験でも確かめられています。

　このように、海馬が高ブドウ糖に弱いのは、海馬が脳でもエネルギー代謝が盛んな領域だからと考えられます。海馬では新しい記憶を一次的にためておくため、エネルギーを非常に沢山要求するものと思われます。

事実、海馬には、多くのブドウ糖を吸収するため、かなり高感度のブドウ糖輸送体（GLUT3）が他より多く分布しているのが分かっています。

　しかし、この高感度のブドウ糖輸送体は海馬だけでなく、その付近の領域（視床下部）の神経細胞にも分布しています。この領域には自律神経やホルモンなどの神経中枢が多く存在し、われわれの感情や体調をコントロールする重要な領域です。

　PTSDの治療としては、いろいろな精神療法や薬物療法が行われていますが、最近は磁気を脳に打ち込んでうつ状態を治療（TMS磁気治療）することが行われるようになりました。磁気は電磁気と言われるように、電流の流れにともなって放たれるものです。ですから、神経での電気パルスの流れにも関係しているものです。

　磁気療法で使われる磁気は交流電源による交流磁気で、一般に使われる磁石のような直流磁気では効果は弱いようです。それによってPTSDでの扁桃体を中心とした電気パルスの空回りを抑制するものと考えられます。このような磁気療法は筋肉疲労でも行われ、自律神経による刺激の空回りを治療できるということです。

　これらの時代の最先端をゆくPTSD治療法と並んで注目されるようになったのが、マインドフルネス瞑想や呼吸法です。日本でもそのやり方については色々な指導書が出ていますので、詳しくはそちらを参考にして下さい。

　マインドフルネスの目的は、現在の自分自身に集中して、ストレスによって浮かんでくる記憶や感情の波を忘れることです。そうすれば、DMNや扁桃体を中心として回っている雑念を忘れて、落ち着いて将来の展望を開くことができるようになります。

　ただ、場合によっては、大きな会場で講演するとか競技するときのよ

うに、急性のストレスで胸の苦しみや圧迫感などを感じ、色々な雑念が起きやすくなる時もあります。その場合でも、呼吸や心拍などの高まりを認めたうえで、まわりの状況も見ながら、これからやることに集中することが重要です。

このように、ストレスによっておこる呼吸や心拍の高まりは、それは現在の自分が生きるためには必要なことで、それで生かされているのだと自覚しながら呼吸に集中してみることです。ただ、同じようなストレスが続き、あまり症状が重いときは、身体的な異常があることもありますので、医者に相談することも必要です。

このマインドフルネスをしているときの脳では、感情のコントロールや意志決定に関係する大脳前頭葉の前頭前野と言われる部位が活性化し、扁桃体を抑制し、海馬を活性化していることが分かっています。つまり、脳科学的にも、マインドフルネスがPTSDの回復に有効であることが分かってきたのです。

私はマインドフルネスの呼吸法はやったことはありませんが、太極拳で学んだ呼吸法で気持ちの安らぎを感じていましたので、その有効性にはまったく疑問はもっていません。

その呼吸法は基本的には太極拳でやる「立禅」という呼吸法で、「気」の流れを感じることが出来るものです。立禅というように普通、立って行うのですが、私は寝ていても、腰掛けていても、風呂の中でもやります。

その呼吸法をちょっと詳しく説明しますと、吸気を10秒、呼気を20秒かけてやるのが基本です。呼気の始めの5秒では楽な体位で息を吸い、次の5秒で背骨のお腹の辺りを突き出すようにしながら吸い、最後は胸を張るようにして胸一杯に吸いきります。

つぎに呼気ですが、始めに10秒かけてお腹をへこますようにして

ゆっくり息をはき、楽な姿勢までもっていきます。そして、最後の10秒で、今度はお腹をへこまし腰を折る感じにまでして息をはききります。

　これが一回の呼吸になりますが、これに両手の動きを加えてやることもできます。そうすると、気の流れを感じやすくなり効果が上がります。

　私の場合は、吸気時には、たらした両手をしだいにあげ、最後は上に突き上げるようにします。呼気時には逆にあげた手をしだいに下ろし、最後は下に押すようにします。手から力を抜いてやることが大切です。

　手の動きを加えると、吸気時には手のひらや腕から熱く感じられる「気」がながれ、呼気時には始めは指先から、最後は脚や足の裏から気が抜けていくのが感じられます。

　この気の流れの正体が何かは分かっていないようですが、血液の流れが20％位良くなっているということを太極拳の先生から聞いたことがあります。でも、血流が逆流するわけはありませんから、基本的には自律神経系の作用で磁気的な変化が感じられるのではないかと思います。

　ただ、呼吸法で注意することは、吸気は短く呼気を長くする、ということが大切です。呼気時には副交感神経が興奮しやすらぎますが、吸気時には交感神経が興奮し緊張が生まれます。

　また、呼吸の速度をあまり早くすると、かえって興奮してきます。ですから、スポーツや格闘技をする時はいいのですが、安らぎたいときはかえってマイナスになります。

　呼吸法にはいろいろあり、みんな試したわけではありませんから、これが一番良いと言うことは出来ません。大事なことは、過去の記憶や将来の不安などをさけて、現在の自分自身に集中することなのだと思います。ですから、私は呼吸法だけでなく、人工甘味料入りのガムをかんだり、好きな音楽を聴いたり、運動したりすることもやりますが、かなりの効果があることが分かります。

　われわれは、普通は無意識で呼吸をしていますが、その時働いている呼吸中枢は延髄にあり、その調節中枢はその上の橋（ポンス）にあります。呼吸は生物にとっては生命のエネルギーを得る上で必須な生理作用ですから、その中枢は延髄にあるのです。延髄には呼吸中枢の他に循環（心臓）、消化、嘔吐、唾液などの中枢があります。

　一方、意識的に呼吸する時は大脳皮質にある呼吸野から命令がでて、神経細胞は直接呼吸中枢に届いていて呼吸をコントロールすることができます。このように呼吸中枢が延髄にあるため、呼吸野が働いてもDMNのエネルギー消費をあげることはなく、むしろ下げることでこころを安定させるのだと考えられます。

　このように、呼吸法がこころの安らぎに有効なのが分かりますが、要は自分自身を見つめて環境や対人関係で自分を見失うことのないようにすることが重要なのです。しかし、現代社会は非常に複雑で、対人関係だけが問題になるわけではありません。つまり、社会にあふれる書物やテレビやスマホなどのように、不特定多数のはっきりしない相手によるはっきりしない意見が問題になることが多いということです。

　そのため、呼吸法などで一時的にこころを休められても、混乱の原因は無くなりませんから、こころの不安定さを静めることが出来なくなっています。今は、真にこころを安らげることは難しい社会になっているのです。

第5章　老化に伴うこころの変遷

◎老化とサーチュインの役割

　それでは、最後になりますが、老化に伴ってこころが変わっていくのか、変わるとしたらどう変わってくのか考えてみましょう。私はいま77歳になりましたが、やはり、若い頃とくらべればヒトとの付き合い方や、考え方も変わってきました。ですから、老化とこころは密接に関係して変わってくるものだと感じています。

　それはともかく、老化とはどういうことか、誰でも考えることですが、私も前著で、体の老化と寿命について考えてみました。そして、その後も本を読んだりして、あらたに理解したこともありましたので、ここであらためて老化についてお話ししたいと思います。

　老化の原因となるものは何かと聞かれた場合、誰もが考えるのはやはりホルモンの減少です。それについてははやくから研究され、色々なホルモンの老化関係の機能について報告されています。

　その中でも、もっとも老化に関係すると考えられているのは、成長ホルモンと性ホルモンです。成長も生殖機能も若いうちに大体終わってしまいホルモン分泌も低下してきますから、老化に関係すると見られるのは当然かもしれません。

　その二つのホルモンのうち、成長ホルモンは、ご存知のように筋肉、骨、軟骨などの成長や維持に関係していますが、全身的にも多くの臓器細胞の糖質、タンパク質、脂質の代謝（合成、分解）の亢進に関係して

います。ただ注意して欲しいのは、そのために必要なエネルギーの供給はグルカゴンなどの異化ホルモンの役割になります。

　成長ホルモンは間脳の視床下部からの刺激で脳下垂体の前葉から分泌されてきます。老化するに従って分泌は次第に減少し、体力の低下をもたらすために老化を促進すると考えられます。

　一方、テストステロンは精巣から分泌される男性ホルモンですが、女性でも副腎、卵巣、骨格筋などから分泌され、閉経後は女性ホルモンに代わって主要な性ホルモンになります。しかし、性ホルモンと言ってもテストステロンの機能は幅広く、生殖器だけでなく、皮膚、毛髪、血液、免疫系などの細胞の増殖や、神経伝達物質の合成、血管内皮細胞の若返りなども促進し、若さを保つための多くの機能を持っています。

　テストステロンも、生殖機能が衰える中年以降は分泌が低下してきますが、それには精子細胞を作る時にでるミトコンドリアからの活性酸素が関係していると見られています。

　このように、中年以降に成長ホルモンやテストステロンの分泌が減ってきます。そのため、多くの臓器の細胞の活性が低下してきます。細胞活性はエネルギー代謝によって支えられているわけですから、細胞内ではエネルギーの消費量が減っていくことになります。

　その結果、細胞内では何がおこるかと言うと、ATP のエネルギー消費が減り、ATP だけでなく NADH もあまり気味となり、細胞内濃度が高まることになります。そのために、老化に従って NADH 濃度は高くなっていくのです。

　細胞内で NADH が高くなれば、ミトコンドリアの活性が下がってすぐ回復しても良いように思われますが、それはそう簡単ではありません。

　ミトコンドリアの活性はグルカゴンの作用でサイクリック AMP が産生されて促進されますが、グルカゴンの分泌は血糖値で調節され、血糖値の低下で亢進し、上昇で低下します。ですからその調節は食事の摂取

量やインスリンなどの他のホルモンとの協調で行われ、体内ではいつで
も高いエネルギー代謝を必要とする細胞もあります。そのため、一部の
細胞でNADHが上がってきたからといって、それらのミトコンドリア
の活性を下げるのは簡単ではないのです。

　それに対し、ミトコンドリアの活性化はサーチュインという長寿遺伝
子からつくられる酵素の一つによって概日リズムの中で行われることが
分かってきました。

　長寿遺伝子を最初に発見したのは、かのマサチュセッツ工科大学
（MIT）のレオナルド・ガレンテ教授で、彼は延命効果を持つ遺伝子に
興味をもち、出芽酵母を使って精力的に検索をつづけ、8年後に長寿遺
伝子Sir2（サーツー）を見いだしたのです[20]。酵母でSir2遺伝子を切
除すると酵母の分裂寿命が約50％に短縮することが分かったのです。

　こうして酵母で見つかったサーチュインは、ほ乳類でも7種類（Sirt1
〜7）あることが分かりました。そしてその酵素としての活性は「タン
パク質脱アセチル化酵素」で、基質となるタンパク質（多くは酵素）の
もつリジンという塩基性の強いアミノ酸からアセチル基を削除して作用
します。

　また、ほ乳類で7種あるサーチュインは、それぞれ細胞内の局在と作
用するタンパク質が違ってきます。例えば、核にあるのはSirt1、6、7
で、細胞質にはSirt2、ミトコンドリアにはSirt3、4、5があります。

　これらサーチュインは同じ酵素種ですが、機能は少しずつ違います。
それにしてもその細胞内の分布はかなり特徴的で、ミトコンドリアはエ
ネルギー代謝の中心で、核は遺伝子発現の場で、生命は両者のコンビ
ネーションで営まれています。ですから、サーチュインは、生命の基本
的な機能を調節、維持しているものと思われるのです。

　その中で特に研究が進んでいるのが、核小体のSirt1とミトコンドリ

アの Sirt3 になります。以下、この二つのサーチュインを中心にその機能をみていきたいと考えます。

　核小体に局在する Sirt1 は、酵母 Sir2 に該当するもので、ヒストンという DNA を立体的にまとめているタンパク質を脱アセチル化して、リボソーム RNA の遺伝子の阻害部位を封じ込め、リボソーム RNA の合成が順調に行われるようにしています[21]。

　なお、リボソームと言うのは複数の RNA とタンパク質からなり大きな顆粒で、細胞質でのタンパク合成の場をつくっています。ですから、非常に重要な顆粒であり、その RNA 合成は大切なものです。

　一方、ミトコンドリアにあるサーチュインで注目されている Sirt3 は、長い脂肪酸を分解してアセチル CoA を作る酵素を脱アセチル化して活性化しています。ですから、エネルギー産生に関与しているものです。

　このようにサーチュインは各種類で機能は異なりますが、その調節機構は共通で、NAD 助酵素が関与しているのです。いずれのサーチュインも酸化型 NAD（NAD^+）が増加すると活性化され、還元型 NAD（NADH）が増えると抑制されます。つまり、エネルギー代謝リズムに同調するかたちで活性が調節されているのです。

　概日リズムの調節ということでいうと、Sirt3 によるミトコンドリアの活性調節は概日リズムの調節で必須なものです。その作用メカニズムはまだよく分かっていませんが、ミトコンドリア内に産生されたサイクリック AMP の分解を間接的にも抑制しているようです[22]。

　一方、Sirt1 によるリボソーム RNA 合成の調節は概日リズムと直結したものではありません。というのは、リボソームは安定な顆粒で、培養細胞でも半減期は 100 時間位あるからです。しかし、タンパク合成が行われる異化期に活性化されてくるのはそれなりの意義があると思われます。

結局、サーチュインというタンパク種の存在は概日リズムに限らず、生命そのものの活性化やその維持に関係したものであると考えられます。よって、長寿遺伝子と呼ばれるようになったそれらの延命効果がどのようにうまれてくるのか、概日リズムと寿命そのものの両面から見ていくことにしましょう。

◎サーチュインの概日リズムでの機能

　では始めに、サーチュインが日々の概日リズムでどのように機能しているかということですが、概日リズムは時計遺伝子による概日時計によると信じられているからでしょうか、動物実験はまだ行われていないようです。が、培養細胞をつかった研究が行われています[23]。

　その研究ではマウスから調整した培養細胞をつかっていますが、一度、静止状態にした細胞に血清を与えて概日リズムがいっせいに始まるようにしています。すると、24時間後に細胞分裂が始まります。この経過でのサーチュインの活性はだいたい12時間後くらいから上がり始め20〜24時間の間に最高になります。

　この培養細胞の概日リズムをヒトのリズムにあわせると、血清を与えるのが朝の食事にあたり、エネルギー代謝の同化期の開始になり、その12時間後（夕方）に異化期に移行します。そして、細胞分裂の始まる24時間後（明け方）が異化期の終わり頃になります。

　ですから、サーチュインの活性が上がり始めるのは12時間後の夕方の異化期に入ってからになります。異化期では遺伝子発現やタンパク合成の活性化がおこりますから、エネルギー消費が高まり、高エネルギーの還元型NAD（NADH）がATP産生のために使われて減少します。そのため、低エネルギーの酸化型NAD（NAD^+）が増えてくるため、

Sirt3などが活性化されミトコンドリアのエネルギー産生が盛んになります。

　そして、夜が開けて同化期になると、タンパク合成などは低下してエネルギー消費が減ります。さらに、食事をとることによってブドウ糖などのエネルギー源が入ってきます。その結果、エネルギーの高い還元型NAD（NADH）の細胞内濃度が高くなり、サーチュインが不活性化されてミトコンドリアのエネルギー産生が抑制されることになります。

　概日リズムでのサーチュインの働きは以上のようですが、これから推察されることは、食事をとる時間と食べる量によってその効果が変わるだろうということです。例えば、食事をとる時間は同化期に移行した後、つまり早朝にとった方がよく、お昼のように時間が遅れてしまうと、概日リズムを狂わせる可能性があります。

　では、健康な人の場合はちょうど必要な量の食事をとっているかというと、実はそうでもありません。最近のようにおいしいものが沢山あり、経済的にも豊かになるとどうしても必要以上に食べていることが多いのです。そのため、細胞内ではNADH濃度が高くなっていますから、寿命を削っていることが多いのです。

　これは動物実験でも確かめられており、20〜30％のエサを減らし、食事制限をすると長生きすることが分かっています。

　長寿遺伝子サーチュインが注目されるようになって、いろいろな動物でその延命効果がしらべられてきました。その方法はほとんどが節食効果を利用したもので、酵母で2倍、線虫など下等生物で30〜50％、マウスで20％と、進化した生物ほど少なくなっています。

　それでは、ヒトのような霊長類ではどうかというと、アカゲザルを使った研究が二つの研究室（アメリカ国立老化研究所［NIA］とウィス

コンシン大学）で行われ、違った結果がでて注目されています[*24]。

　その2つの研究所のうち、サルの摂取するカロリー量や血糖値などを厳しくチェックしながら、カロリー制限をより厳しく行っているのはウィスコンシン大学の研究グループです。彼らの研究では寿命の延長があるとされています。

　しかし、サーチュインの延命効果があるとしたウィスコンシン大学の結果には問題があります。一つはカロリー制限をしない対象サルには、がん、糖尿病、心血管疾患など高血糖の影響の大きい死因がみられたのですが、それらを加齢関連疾患として加齢死に含めているのです。

　そのうえ、カロリー制限したサルには麻酔時の事故死、鼓腸病（腸管にガスがたまり排出できなくなる）、怪我などで死んだものがあるのですが、それらは除外されているのです。これらの死は筋肉や内臓の筋力低下、神経や免疫力の低下など体力低下によるもので、カロリー制限したサルは体力低下がおこっていて、ストレスに弱くなっていたのです。

　ですから、彼らの実験では対象サルはカロリー過剰になっていて、カロリー制限したサルは栄養不足になっていて、両者の間に生存率の差はほとんどなかったのです。この結果からサルでもサーチュインの延命効果があるとは言えないのです。

　一方、NIAの実験では、カロリー制限は与える飼料の量はきちんと管理して行われたようですが、食べる量はわりとサルの自由だったようです。対象サルでも食べ過ぎるものは少なかったでしょうし、カロリー制限サルでも体調が悪くても麻酔下で採血されるというようなことはなかったようで、ストレスで不慮の死に方をするということも少なかったと思われます。

　結局、霊長類では適正なエネルギー摂取量は高くてかなり限定された範囲内にあり、少し多ければ血糖値が上がり過ぎ、少しカロリー制限すれば体力が低下してしまうのです。ですから、カロリー制限できる余裕

はあまりなく、延命効果ははじめから期待できないのです。

　このことからも、サーチュインの延命効果は寿命そのものの延長ではなく、概日リズムにおける調節効果によってもたらされた限定的なものと考えられます。

◎老化におけるサーチュインの作用

　以上、サーチュインの概日リズムにおける効果についてお話ししてきました。それでは、老化が進みエネルギー代謝が低下してきた時、サーチュインはどのように作用するようになるのか、それによって脳やこころ回路がどう変わってくるのか考えてみましょう。

　脳が老化するかどうかは、昔から興味をもたれていることで、今でも脳は老化しないと考えている専門家もいらっしゃるようです。しかし、本当に神経細胞が寿命を持たないかと言うとどうもそうではないようです。

　前から、脳内の神経細胞は一日に10万個は消えていくことが分かっていますが、10年間でも3億5000万個くらいのもので、大脳だけでも千数十億以上あると言われている神経細胞のほんの一部でしかありません。しかし、それがある特定の部位の神経細胞でおこるものであれば無視することは出来ません。

　では今のところ、脳内で細胞寿命を持つことが一番はっきりしているようなのは海馬の神経細胞です。海馬の神経細胞はかなりの速度で入れ替わっているようなのですが、それは好気的エネルギー代謝の激しさからもうかがえます。そのため、細胞老化でミトコンドリアの活性が滞ってくると活性酸素の発生が高くなり、萎縮が始まると考えられます。

　また、大脳皮質のDMNの神経細胞は乳酸を使ったミトコンドリアの

好気的エネルギー代謝が盛んですが、細胞寿命は長く交替はほとんどありません。大脳皮質の神経細胞は記憶の保持に関係していますから、消失するわけにはいきません。それに、ミトコンドリアの好気的エネルギー代謝では解糖系の介入はありませんから、その酸化反応が混乱することも少ないはずで、活性酸素の発生も少ないと考えられます。その点では心臓も同じですから、その可能性が大きいと考えられます。

このような海馬の萎縮が一番早くおきることは、老化してきて一番早く気がつくことが、物やヒトなどの名前がすぐに思い出せなくなることでも分かります。

そして、さらに老化がすすむと、海馬に引き続くように大脳皮質でも萎縮がおこってきます。この大脳皮質の萎縮には順序があり、一番早いのが前頭葉で、次に頭頂葉、側頭葉、最後が後頭葉になります。この順序は幼年期に大脳が発達するときのちょうど逆になります。つまり、機能が高くエネルギー消費が大きいところほど、先に萎縮してくるのです。

ですから、始めは前頭葉の機能である色々な記憶をまとめて意志を固めたり、感情を整理することが難しくなり、精神的にすぐ切れるようになります。その様子は多くのお年寄りを見ていれば分かります。

私の祖父は70歳過ぎた頃に亡くなりましたが、ちょっとしたことで怒りだすようになり、時には自分の死が間近に来ているようなことをしみじみと話し始めたりしました。私は子供ながらに、祖父は死を恐れて不安になり、落ち着いて考えられなくなっていると思っていました。

そのうち頭頂葉の萎縮が始まると、見たこと聞いたことの意味がまとめられなくなり、側頭葉、後頭葉に及ぶと見たもの聞いたものを正確に認識できなくなって、こころ回路が崩壊してゆくことになります。

ではこのような老化における脳の変化がどのようにおこってくるのでしょうか。それにもサーチュインは機能しているのでしょうか、考えて

みましょう。サーチュインの活性は NAD 助酵素によって制御されていますから、老化でのその変化をみる必要があります。実は以前から、老化に伴い酸化型 NAD（NAD$^+$）が減少してくることが分かっていました。つまり、老化細胞では還元型 NAD（NADH）が相対的に増えているのです。そうだとすると、サーチュインは不活性化されて、その結果寿命の短縮、死の促進に向かうという可能性が高いことになります。

　それと最近注目されるようになったのが、脳の視床下部が老化をコントロールしているという説です[*25]。視床下部は内分泌機能を調節している部位ですから、それは大いに考えられることで、それにはサーチュインが関係しているという研究報告もあります。まだ研究は始まったばかりで、納得できるような説にはなっていません。

　それに、脳をもつのはかなり進化した生物に限ります。一方、老化、寿命、性などは酵母のような単細胞生物からみられるもので、それらの調節に関係するホルモンなどやサーチュインのようなタンパク質なども そなわっています。ですから、脳が関係しているとしても高等生物での老化に必要な調節機構としてあるのだと考えられます。

　結局、老化すると NADH 濃度の上昇によってサーチュイン（Sirt1）の機能が抑制され、核小体でのリボソーム RNA の合成が低下します。その結果、リボソームが減ってタンパク合成のさらなる抑制がおこります。するとそれがまたエネルギー消費を抑制し、還元型 NADH の増加を招くことになります。

　つまり、老化している細胞内では、成長ホルモンや性ホルモンの減少によりエネルギー消費が低下した結果 NADH が増加して核小体のサーチュインが抑制され、リボソームの減少によってタンパク質合成が低下します。その結果、さらなるエネルギー消費の低下がおこり NADH が増加するという悪循環が起こり、脳の神経細胞などを含めた全身の細胞

機能の低下が進むと考えられます。

◎脳内の老化とサーチュイン

　では、老化が始まった脳ではサーチュインはどのように働いているの
でしょうか。脳神経細胞でのサーチュインの研究もかなり行われてい
るようで、延命効果を支持する結果が示唆されてはいますが、あまり
はっきりした結果は出ていません。ですから、まずは脳内の細胞群に
NADH の増加がみられるか、実際に脳組織の萎縮がみられるかの検討
が重要になると考えられます。

　それでは、脳内の細胞で NADH が増加することが考えられるかと言
うと、一番可能性があるのが大脳皮質の DMN（デフォルト・モード・
ネットワーク）回路に関係する神経細胞です。神経細胞はグリア細胞か
ら乳酸を供給されてミトコンドリアでの ATP 産生を行っています。

　ですから、老化過程に入って海馬を始めとする神経細胞の消失が次
第に増えてくると、ATP の消費量が減って、ATP だけでなく還元型
NAD（NADH）が増加してくることが考えられます。それによって
サーチュインの活性が抑制され、概日リズムをささえるエネルギー代謝
が低下して神経細胞が順次減り続けていくと考えられるのです。

　それでは、この脳老化説を支持してくれるような研究結果があるとい
われると、全くといっていいほどないのです。そこで、認知症を主症状
としますが、基本的には急性の老化現象といっていいアルツハイマー病
（アルツハイマー型認知症）はよく研究されていますから、参考にして
みることにしましょう。

　アルツハイマー病でも老化脳と同じように、先ず海馬が萎縮し、大脳

皮質が次第に萎縮してくるのです。主症状としては、認知症やうつ症状を発症してきますが、これらは進行した老化脳でも見られるものです。ですから、アルツハイマーでは進行は早くても、基本的には普通の老化とおなじ変化が進行していることが考えられます。

アルツハイマー病の原因はまだはっきりしていませんが、大脳皮質に老人斑と呼ばれるアミロイドベータやタウタンパク質の沈着が見られるのが特徴で、それが原因と見られています。

しかし最近、アルツハイマー病の重症度と老人斑の数が一致しないことや、アミロイドベータなどのタンパク質の沈着を阻止する薬物が作られても治療効果がなく、予防にもならないことが分かってきました。ですから、これらのタンパク質の沈着はアルツハイマー病の直接の原因ではなく、二次的なものではないかと考えられてきているようです。

アルツハイマー型認知症には遺伝性のものもありますが、多くは生活習慣病で、認知症の60％以上を占めています。認知症の症状は60歳以上の高齢者になってから現れますが、アミロイドベータやタウタンパク質の細胞内蓄積はすでに30歳頃からみられます。

アルツハイマー病の研究は盛んに行われていますが、そのなかでも注目されているのが、ワシントン大学のレイクル教授らによって行われた研究報告[24] です。

彼らは、ヒトを対象にMRI（核磁気共鳴画像法）を使って脳内のアミロイドベータの量を測定し、将来アルツハイマー病になりうるヒトを判別しています。そして、PET（陽電子断層撮影）を使って脳の各場所の酸素とブドウ糖の消費量を測定し「酸素／ブドウ糖指数」（ブドウ糖1分子を分解するのに要する酸素の分子数）を調べています。それによって、アルツハイマー病予備軍と正常なヒトの間のエネルギー代謝の違いを調べています。

その結果、エネルギー消費の高い時点では（測定件数は少ないのです

が）酸素／ブドウ糖指数がアルツハイマー病予備軍で明らかに低いことを示しています。つまり、エネルギー代謝が高いときは、アルツハイマー病のヒトの脳では正常より強い好気的解糖状態、つまり、ミトコンドリアの好気的エネルギー代謝に対して、解糖系が優先して高くなっていることが分かってきました。

　この好気的解糖状態は血糖値（脳内では脳脊髄液中のブドウ糖値）が高いことによっておきてきますから、それがアルツハイマー病の原因と考えられます。以前よりアルツハイマー病は血糖値の高いヒトに多く、糖尿病の合併症としても知られています。

　したがって、アルツハイマー型認知症は海馬における軽度であっても慢性的な好気的解糖が原因で発症してくるものと思われます。そして、アミロイドベータやタウタンパク質などの蓄積は大脳皮質でおこってくるものですから、脳内ブドウ糖上昇の影響は大脳皮質にも及んでくるものと考えられます。

　大脳皮質の神経細胞のエネルギー代謝はアストロサイトから乳酸の供給を受けて、ミトコンドリアでの好気的酸化作用でATP産生されます。ですから、ブドウ糖濃度が高いと乳酸の供給が高まり、ATP産生ばかりでなくNADH濃度も高くなり易くなります。

　アルツハイマー病では海馬の機能が衰え、記憶の固定が抑制されてきます。その結果、大脳皮質ではエネルギー要求量が低下し、ATPの利用が減ってくることになります。そうなるとNADHの消費も低下し、細胞内のNADH濃度が上がり、サーチュインの機能を抑制し、細胞死が促進されることになります。

　このようにアルツハイマー病では脳内の高ブドウ糖が原因で神経細胞内の好気的解糖が誘導され、その結果、まずは高い好気的エネルギー代謝リズムを行っている海馬が機能低下し、さらに大脳皮質の神経細胞で

サーチュインの不活性化がおきて、萎縮していくと考えられます。

　ですから、老化とアルツハイマー病での脳の機能低下はサーチュインの機能低下で進むという点では同じことです。ただ、アルツハイマー病では脳内高ブドウ糖が作用して、その発症と進行が促進されているのだということが分かります。

　以上、ここまで寿命をエネルギー代謝の面から見てきましたが、今でも寿命はテロメアが決めているのではないかと思っておられる方が多いようなので、ここで簡単ですが触れておきたいと思います。

　ご存知のように、テロメアというのは、ヒトでは46本に分かれているクロマチン（DNAとタンパク質複合体）の末端にある構造で、短い塩基（6〜9塩基）が繰り返して結合した特徴的な構造のDNAです。

　テロメアは、細胞分裂のたびに少しずつ短縮します。そして、ある程度短くなると、p53（ピーゴーサン）タンパク質がそれを感知し、ミトコンドリアに作用して機能を抑制したり、細胞を分断して自死（アポトーシス）するよう誘導したりするといわれています。

　各臓器で機能しているのは分化細胞ですが、細胞分裂はしませんから、テロネアの短縮をすることはありません。その分化細胞は各臓器組織にある組織幹細胞から細胞分裂で生まれてきます。ですから、テロメアは組織幹細胞で機能するものです。

　組織幹細胞は各臓器組織の嫌気的な部位に固まって存在し、分化細胞を産出しています。エネルギー代謝もミトコンドリアもある程度は働いていますが、解糖系が主流になっています。それにより、活性酸素の産出を抑え、DNAや重要な酵素などに突然変異が及ばないようになっています。もしそうなると、異常な分化細胞を作ることになるからです。

　それでは、各臓器組織の分化細胞の寿命はどうなっているかと言うと、それはばらばらです。外界からの刺激を受けつづける小腸の上皮などは

1、2日、皮膚の上皮でも数日と短く、体内の肝臓などは細胞数も多く、ホルモンなどの作用も強く、5カ月位に長くなっています。また、心臓や脳内の神経細胞はエネルギー代謝が独特で、死ぬまで活動しています。

　また、血球では、好中球やリンパ球など免疫に関するものは数日くらいですが、リンパ球の中にはリンパ節の中で数年は生きているものもあります。また、赤血球は酸素を運んでいますが、ミトコンドリアを捨てることで120日と長く生きています。

　このように細胞寿命は各臓器組織の機能や環境によって変わるのですが、それには好気的エネルギー代謝からの活性酸素の発生とその対処機構（サーチュインなどを含む）の有無が寿命の長さに大きく関わってきます。

　ですから、酸素を使わない嫌気性生物にははっきりした寿命がありません。しかし、エネルギー産生能力が低いため環境の変化に弱く、すぐ種子状になって静止し、環境が回復したら発芽して次の世代が生まれるというような生き方をします。

◎おわりに―私のこころの変遷（ご関心無いでしょうが）

　私がエネルギー代謝リズムの仕事をはじめた頃、自分では新しい発想として認められ、研究費も増えることを期待していたのですが、結果はまったく逆でした。理解されないのです。一度は返却された投稿論文の査読者が「私はエネルギー代謝の研究者でプリゴジンの学説にも詳しいのだが、この著者の解釈はまったく間違っている」という判定をしてきたことがありました。

　私は、この判定文にはショックをうけ、教授になって気負いすぎて間違ったのだろうかと心配し、自信を失ってしまいました。何とか落ち着いて思い直し、プリゴジン学説に詳しいヒトを見つけて聞いてみようと思い立ちました。すると、プリゴジンのもとで研究されたことのある教授が日本におられることが分かりました。

　それは国際基督教大学（ICU）におられる北原和夫教授で、私はさっそくお伺いすることにしました。そして先生から私の解釈に間違いは無く、エネルギー代謝系が散逸構造を形成していることを認めて下さったのです。それで、その後も定年まで、自信を持って研究を進めることが出来たのです。

　しかし、論文の通りは相変わらず悪く、とても良くやってくれるスタッフや大学院生にも申し訳なく、うつ状態を引っ張っていくことになりました。そこで、精神的にもまいりそうなので精神科の当時の假屋教授に相談したところ紹介されたのが森田療法の本でした。

　森田療法は自律神経症の研究者である森田正馬によるもので、教授に勧められた本は『精神療法講義』だったと思いますが、今手元になく、本も絶版になっているようです。

　森田療法は、今の自分を見つめて惑わされず、「あるがままに生きる

こと」をすすめるもので、マインドフルネス精神療法の先駆けとなるものです。

　私はそれに従い人目を気にしないようにして、精神の安静を得るように務め、その成果はあったと思います。しかし、研究論文の問題はずっと続き、こんどは太極拳で呼吸法を併用することになったのです。

　そうこうしながら定年まで勤め上げましたが、その後どう生きるかということには少し迷いました。普通はどこかの病院などにアルバイト感覚で就職することが多いのですが、私は家にもどって趣味の油絵などをやって、まずはこころを休めることにしました。びっくりしたのはこの時、大学の事務が心配したのか、失業証明書が届けられてきたことでした。

　家ではしばらくはぼんやり過ごしていましたが、一年ほど過ぎたあたりで、どうしても死ぬ前に自分の仕事について何か書き残したいという気持ちがわいてきました。それでまずは、大学時代のエネルギー代謝リズムの研究の思い出をあれこれ書いて自費出版で本にし、お世話になった友人や共同研究者におくることになりました。

　もちろん、あまり反響らしいものはありませんでしたが、この本の一部は市販されたようで、思いがけないこともありました。ある匿名の若手研究者にとりあげられ、この本は「妄想の産物」であるとの書評がインターネットサイトに掲載されていたのです。私がそれに気づいたのはそのサイトに掲載されてから2年後でした。そのサイトの筆者は匿名でしたが、アドレス名から遺伝子発現を研究する講座を主宰する准教授の方であることが分かりました。そのような立場のヒトから見れば、私の言っていることが妄想に聞こえるのは納得できることです。

　私は気がつくのが遅れたのを詫び、わざわざ独立のサイトを作って拙著を採り上げてもらったことにお礼をしました。皮肉っぽく聞こえるかもしれませんが、お礼する気持ちがあったのは本当です。それまで、私

の研究がまともに採り上げてもらえることはなかったからです。そして、私がその本に書いたことは妄想ではなく、プリゴジンの学説などに基づいたもので、実験結果から間違いなく導かれたものだということを断わらせて頂きました。

　そして次のコメントで、これは一つの学説でしかなく、どんな有名な学説でも決定的なものであるとは言えないもので、あなたはあなたの思うところの学説を追求して発表して下さい、と投稿しました。このサイトは、今はないようですが、ちゃんと私のコメントは掲載されていました。多少わだかまりもありましたが、このように丁寧に読まれてコメントされたことに、こころから感謝している自分を自覚し、安堵したことは事実です。

　このことがあってから、自然と私は気負いすぎて妄想が広がり、高等生物などにおけるエネルギー代謝リズムについて何冊も自費出版することができました。そして、前著ではわれわれがなぜ生まれ、なぜ死んでいくのかについて書き、そして本著ではこころの問題までエネルギー代謝の面から考察が出来、これでおしまいにしても良いとホッとしているところです。

　私も今年で77歳になりますから、海馬や前頭葉の萎縮は進んでいるはずです。確かに、ヒトの名前や色々な固有名詞が思い出せなくなっています。妻も2歳若いだけですから、会話に「あれあれ」や「あのヒト、あのヒト」などの言葉が多用されるようになりましたが、それなりに会話は出来ます。

　しかし、若いヒトや女性の集団の中に入ると、意見は色々あっても固有名詞が出てこないので思うように会話が出来ません。こころはまだ正常で、認知症になったとは思われたくなくて口を挟むとかえっておかしなことになります。想像していたより老化のこころは大変なことが分かりました。

それでも、何とかこれまで数冊の本をまとめることが出来ましたから、脳内の萎縮はまだまだ大丈夫だとこころを慰めているところです。それにしても気になるのは、これまでに自費出版で使ったお金のことです。全部でいくらになるのか計算したことはありませんが、許してくれた妻始め家族に申し訳なく、迷惑がかからないかと心配しています。

　それに、これまで書いてきたエネルギー代謝の重要性が認められることは、私の眼の黒いうちはもちろん、将来認められる日が来るような気がしません。これが妄想ならいいのですが、どうなることでしょうか。

　それよりも最近気になるのは、この地球上の生命世界がいつまで持つのだろうかということです。毎年４万もの生物種が絶滅していく異常気象、それに北朝鮮を主とする核戦争の危険等々。このような状態に導いたのはまさに進化した人の脳です。しかし、それは脳の責任ではなく、人の意識の問題ですから、解決出来ないというわけではありません。

　今、私が一番気にしているのは地球温暖化です。地球の気候の調節機構はこれこそ複雑系の最たるもので、何が原因でおこっているのか一概には言えません。エネルギー消費量の急上昇が一番問題なのでしょうが、二酸化炭素の増加だけの問題ではありません。ただ、それによって乱雑さのエネルギーであるエントロピーが増えているのは確かです。

　それに注意すべきは、複雑系の変化は直線ではなく曲線的で、あるところで急に上がり始め、それがどこまでいくかはわれわれには解りません。地球の気温は国連のIPCC（気温変動に関する政府間パネル）では100年後には最大で4℃の上昇と見ています。しかし、それは今の上昇率を直線的に延ばしてみたものです。ところが、最近数年の平均気温はその直線より0.3度くらいですが高いのです。

　一方、最近亡くなられた宇宙学者ポーリング博士は、50〜100年後には人が住めないほど（5、60度？）に気温が上がり、600年後には250℃になり地球は火の玉になるとおっしゃっています。その根拠ははっきり

しませんが、もともと根拠を示せるような問題ではないのです。ですから、これをそのまま信じるわけにはいきませんが、これもあり得ると受け止めることが大切です。

　今日の人間社会は他国に勝る自国の発展に重きを置き、経済の発展にばかり気を取られています。そのため、他の国や他の生物達のことを忘れているとしか思えません。その気負ったこころを落ち着かせ、ありのままの自分にかえって地球の将来について考えたいものです。

　こんなことを考えて、この世の将来に不安を抱いている私ですが、あまり深刻になることはなく、夜は良く眠れます。どこか、この世に愛想を尽かせているところがあるのかもしれません。最近はテレビでドラマや歌番組をみることもすっかり減ってきました。私のこころは、私がこの世を去る準備を進めているようです。

参考書籍

第1章

「生物とは何か：我々はエネルギーの流れの中で生きている」劔　邦夫著（PHP パブリッシング）2009

「我々はなぜ生まれなぜ死んでいくのか：がん、うつ、糖尿病、老いはエネルギー代謝の乱れから」劔　邦夫著（e ブックランド）2017

「生命を支える ATP エネルギー：メカニズムから医療への応用まで」二井將光著（講談社）2017

「脳疲労が消える最高の休息法：脳科学×瞑想聞くだけマインドフルネス入門」久賀谷亮著（ダイヤモンド社）2017

「世界のエリートがやっている最高の休息法：脳科学×瞑想で集中力が高まる」久賀谷亮著（ダイヤモンド社）2016

「ブッタとシッタカブッタ2：そのまんまでいいよ」小泉吉宏著（KADOKA-WA/ メディアファクトリー）2003

「こころが軽くなるマインドフルネスの本」吉田昌生著（清流出版）2017

第2章

「散逸構造：自己秩序形成の物理学的基礎」G. ニコリス、I. プリゴジーヌ（著）小畠陽之助、相沢洋二（訳）（岩波書店）1980

「オートポイエーシス：生命システムとは何か」H.R. マトゥラーナ、F.J. ヴァレラ（著）　河本英夫（訳）（国文社）1991

「時間栄養学：時計遺伝子と食事のリズム」香川靖雄編著（女子栄養大学出版部）2009

「体内時計のふしぎ」明石　真著（光文社）2013

第3章

「プロが教える脳のすべてがわかる本：脳の構造と機能、感覚のしくみから、脳科学の最前線まで」岩田誠監修（ナツメ社）2011

「脳疲労が消える最高の休息法：脳科学×瞑想聞くだけマインドフルネス入

門」久賀谷　晃著（ダイヤモンド社）2017

「睡眠の科学：なぜ眠るのかなぜ目覚めるのか　改訂新版」櫻井　武著（講談社）2017

「つながる脳科学：心のしくみに迫る脳研究の最前線 」理化学研究所脳科学総合研究センター編（講談社）2016

「連想を生むニューロン集団（特集 見えてきた記憶のメカニズム）」A.J. シルバ著　別冊日経サイエンス編（日経サイエンス）2017

第4、5章

「大脳皮質と心：認知神経心理学入門」ジョン・スターリング（著）、苧阪直行、苧阪満里子（訳）（新曜社）2005

「意識と無意識のあいだ：「ぼんやり」したとき脳で起きていること」マイケル・コーバリス（著）鍛原多惠子（訳）（講談社）2015

「発達障害」岩波　明著（文藝春秋）2017

「サイコパスの脳を覗く」（心の迷宮：脳の神秘を探る）　K.A. キール／J.W. バックホルツ著　別冊日経サイエンス（191）（日経サイエンス）2013

「生きる力　森田正馬の 15 の提言」帚木蓬生著（朝日新聞出版）2013

「心は何でできているのか：脳科学から心の哲学へ」山鳥重著（角川学芸出版／角川選書）2011

「無意識の構造」河合隼雄著（中央公論社／中公新書）1977

「親鸞聖人を学ぶ」伊藤健太郎、仙波芳一著（1 万年堂出版）2014

「プリゴジンの考えてきたこと」北原和夫著（岩波書店）1999

「大導寺信輔の半生・手巾・湖南の扇　他十二編」芥川龍之介（岩波文庫）1990

「自己組織化する宇宙」エリッヒ・ヤンツ著　イリヤ・プリゴジーヌ序　芹沢高志、内田美恵訳（工作舎）1986

「自己組織化と進化の理論」スチュアート・カウフマン著　米沢冨美子監訳（ちくま学芸文庫）2008

関係論文

第 1 章

1. Raichle ME, MacLeod AM *et al.* A default mode of brain function. PNAS 2001; 98(2): 676–682.

〃 Raichle ME, Gusnard DA *et al.* Appraising the brain's energy budget. PNAS 2002; 99(16): 10237-10239.

〃 Lua H, Zoua Q *et al.* Rat brains also have a default mode network. PNAS 2012; 109(10): 3979–3984.

2. Aldridge J, Pye EK. (1976) Cell density dependence of oscillatory metabolism. Science 1979; 259: 670-671.

〃 Aon MA, Cortassa S *et al.* Synchrony and mutual stimulation of yeast cells during fast glycolytic oscillations. J Gen Microbiol. 1992; 138: 2219-2227.

3. Parulekar SJ, Semones GB *et al.* Induction and elimination of oscillations in continuous cultures of *Saccharomyces cerevisiae*. Biotechnol Bioeng. 1986; 28:700-710.

〃 Chen CI, McDonald KA. Oscillatory behavior of *Saccharomyces cerevisiae* in continuous culture: II. analysis of cell synchronization and metabolism. Biotechnol Bioeng. 1990; 36: 28-38.

4. Wang J, Liu W *et al.* Cellular stress respoces oscillate in synchronization with the ultradian oscillation of energy metabolism in the yeast *Saccharomyces cerevisiae*. FEMS Microbiol Lett. 2000; 189(1): 9-13.

〃 Xu Z, Tsurugi K. A potential mechanism of the energy-metabolism oscillation in the chemostat culture of the yeast *Sacchromyces cerevisiae*. FEBS J. 2006; 273: 1696-1709.

5. Crabtree HG. The carbohydrate metabolism of certain pathological overgrowths. Biochem J. 1928; 22: 1289-1298.

第 2 章

6. 「Self-organization in Nonequilibrium Systems. From

dissipative structures to order through fluctuations」 Nicolis
G. and Prigogine I.（Wiley）1977.

〃 「Biochemical Oscillations and Cellular Rhythms」 Goldbeter A.（Cambridge University Press）1996.

7. 「Autopoiesis and Cognition. The Realization of the Living」 Hunbert R. Maturana HR、Varela FJ. (Kluwer) 1972.

8. Bargielle TA, Jackson FR, Young MW. Restoration of circadian behavioural rhythms by gene transfer in Drosophila. Nature, 1984; 312(5996): 752-754.

〃 Reddy P, Zehring WA *et al*. Molecular analysis of the period locus in Drosophila melanogaster and identification of a transcript involved in biologica rhythms. Cell 1984; 38(3): 701-710.

9. Clarke JD, Coleman GJ. Persistent meal-associated rhythms in SCN-lesioned rats. Physiol Behav. 1986; 36: 105-113.

〃 Davidson AJ, Stephan FK. Feeding-entrained circadian rhythms in hypophysycto-mized rats with suprachiasmatic nucleus lesions. Am J Physiol. 1999; 277(5 Pt 2): R1376-84.

〃 Davidson, AJ, Poole AS. Is the food-entrainable circadian oscillator in the digestive system? Genes Brain Behavi. 2003; 2: 32-39.

10. Gegear RJ, Foley LE *et al*. Animal cryptochromes mediate magnetoreception by an unconventional photochemical mechanism. Nature 2010; 463: 804-807.

11. Mieda M, Williams SC *et al*. The dorsomedial hypothalamic nucleus as a putative food-entrainable circadian pacemaker. PNAS 2006; 103(32): 21150-12155.

〃 Moriva T, Aida R, Kudo T. The dorsomedial hypothalamic nucleus is not necessary for food-anticipatory circadian rhythms of behavior, temperature or clock gene expression in mice. Eur J Neurosxi. 2009; 29(7): 1447-1460.

〃 Patton DF, Mistilberger RE. Circadian adaptations meal timing: neuroendocrine mechanisms (Review). 2013; 7:185.

12. Acin-Perez R, Salazar E *et al*. Cycli c AMP produced inside mitochondria regulates oxidative phosphorylation. Cell Metab. 2009; 9: 265-276.

〃 O'Neill JS, Maywood ES *et al*. c AMP-dependent signaling as a core component of the mammalian circadian pacemaker. Science 2008; 320: 949-953.

13. Sakurai T, Amemiya A *et al*. Orexins and orexin receptors: A family of hypothelamic neuropeptides and G protein-coupled receptors that regulate feeding behavior. Cell 1998; 92: 573-585.

〃 Sakurai T. The neural circuit of orexine (hypocretin): maintaining sleep and wakefulnass. Nat Rev Neurosci, 2007; 8: 171-181.

〃 Chemelli RM, Willie JT *et al*. Narcolepsy in orexin knockout mice: Molecular genetics of sleep regulation. Cell 1999; 98: 365-376.

第 3 章

14. Ohtsuki S, Terasaki T. Contribution of carrier-mediated transport systems to the blood-brain barrier as a supporting and protecting interface for the brain; importance for CNS drugdiscovery and development. Pharm. Res. 2007; 24(9);1745-1758

〃 Vannucci SJ, Mahher F. Simpson IA. Glucose transporter proteins in brain: delivery of glucose to neurons and glia. Glia 1997: 21(1): 2-21.

15. Newman LA, Kool DL, Gold PE. Lactate produced by glycogenolysis in astrocytes regulates memory production PLOS, 2011; 6(12): e28427.

〃 Suzuki A, Stern SA *et al*. Astrocyte-neuron lactate transport is required for long-term memory formation. Cell 2011; 144: 810-823.

16. Katayose Y, Tasaki M *et al*. Metabolic rate and fuel utilization durin sleep assessed by whole-body indirect calorimetry. Metabolism 2009; 58(7) 920-906.

〃 Kayaba M, Park I *et al*. Energy metabolism differs between sleep stages and begins to increase prior to awakening. Metabolism 2017; 69: 14-23.

17. Jessen NA, Munk ASF. The Glymphatic System: A Beginner's Guide. Neurochem Res. 2015 Dec;40(12):2583-2599.

〃 Simon MJ, Iliff JJ. Regulation of cerebrospinal fluid(CSF) flow in neurodegenerative, neyrovascular and neuroinflammatory disease. Biochem Biophys Acta. 2016; 1862(3): 442-451.

18. Kitamura T, Ogawa SK *et al*. Engrams and circuits crucial for systems consolida-

tion of memory. Science 2017; 356(6333): 73-78.

〃 Roy DS, Kitamura T *et al.* Distinct neural circuits for the formation and retrieval of episodic memories. Cell 2017; 170(5): 1000-1012.

第 4 章

19. Assaf M, Jagannathan K, Calhour V. Abnormal functional connectivity of defoult mode sub-networks in autism spectrum disorder patients. Neuroimage 2010; 53: 247-256.

〃 Metin B, Krebs RM *et al.* Dysfunctional modulation of default mode network activity in attention-deficit/hyperactivity disorder. J Abnorm Phychol. 2015; 124(1): 208-214.

第 5 章

20. Lin SJ. Defossez PA. Guarente L Requirement of NAD and SIR2 for life-span extension by calorie restriction in *Saccharomyces cerevisiae*. Science 2000; 289: 2126–2128.

21. Saka K, Ide S *et al.* Cellular senescence in yeast is regulated by rDNA noncoding transcription. Curr Biol. 2013; 23(18): 1794-1798.

〃 Kobayashi T. How does genome instability affect lifespan? Roles of rDNA and telomeres. Genes to Cells 2011; 16: 617–624.

22. Ramsey KM, Affinati AH *et al.* Circadian measurements of sirtuin biology. Methods Mol Biol. 2013; 1077: 285-302.

〃 Nakahata Y. Kaluzova M *et al.* The NAD^+-dependent deacetylase SIRT1 modulates CLOCK-mediated chromatin remodeling and circadian control. Cell 2008; 134(2): 329-340.

〃 Sassone-Corsi P, Minireview: NAD^+, a circadian metabolite with an epigenetic twist. Endocrinology 2012; 153(1):1-5.

23. Colman RJ, Beasley TM *et al.* Caloric restriction reduces age-related and all-cause mortality in rhesus monkeys. Science 2012; 325: 201-204.

〃 Mattison JA, Roth GS *et al.* Impact of caloric restriction on health and survival in rhesus monkeys: the NIA study. Nature 2012; 489(7415): 318-321.

24. Vlassenko AG, Vaishnavi SN *et al*. Spatial correlation between brain aerobic glycolysis and amyliod-beta deposition PNAS, 2010; 107: 17763-17767.

〃 Vaishnavi SN, Vlassenko AG *et al*. Regional aerobic glycolysis in the human brain. PNAS, 2010; 107: 17757-17762.

25. Satoh A & Imai S. Systemic regulatory mechanisms of mammalian aging and longevity by brain sirtuins. Nat Commun. 2014; 5: 4211.

〃 Zhang Y, Kim MS, *et al*. Hypothalamic stem cells control ageing speed partly through exosomal miRNAs. Nature 2017; 548: 52-57.

著者略歴

劔　邦夫 〔つるぎ・くにお〕

昭和 16 年（1941 年）新潟で生まれる。

昭和 41 年、新潟大学医学部卒業。1 年間の臨床実地訓練を受ける。

昭和 42 年 4 月、新潟大学大学院博士課程入学。生化学を専攻。

昭和 46 年 3 月、新潟大学大学院博士課程終了。医学博士。

昭和 46 年 4 月、新潟大学医学部助手。生化学教室勤務。

昭和 48 年から 2 年間。米国シカゴ大学でポストドクタル・フェローとして生化学研究に従事。

昭和 53 年 5 月、新潟大学医学部助手助教授。

昭和 59 年 4 月、山梨医科大学医学部教授。生化学第二教室を主宰。学部学生の生化学講義を担当するとともに、十数人の大学院生の研究指導を行った。

平成 19 年 3 月定年退職。現在、山梨大学名誉教授（医学部・生化学）。

こころはなぜ生まれ なぜ変わるのか —脳のエネルギー代謝のふしぎ—

2018 年 7 月 2 日　第 1 刷発行

著　者　劒　邦夫
発行人　大杉　剛
発行所　株式会社 風詠社
　　　　〒 553-0001　大阪市福島区海老江 5-2-7
　　　　　　　　　　ニュー野田阪神ビル 4 階
　　　　TEL 06（6136）8657　http://fueisha.com/
発売元　株式会社 星雲社
　　　　〒 112-0005 東京都文京区水道 1-3-30
　　　　TEL 03（3868）3275
印刷・製本　シナノ印刷株式会社
©Kunio Tsurugi 2018, Printed in Japan.
ISBN978-4-434-24820-7 C3045